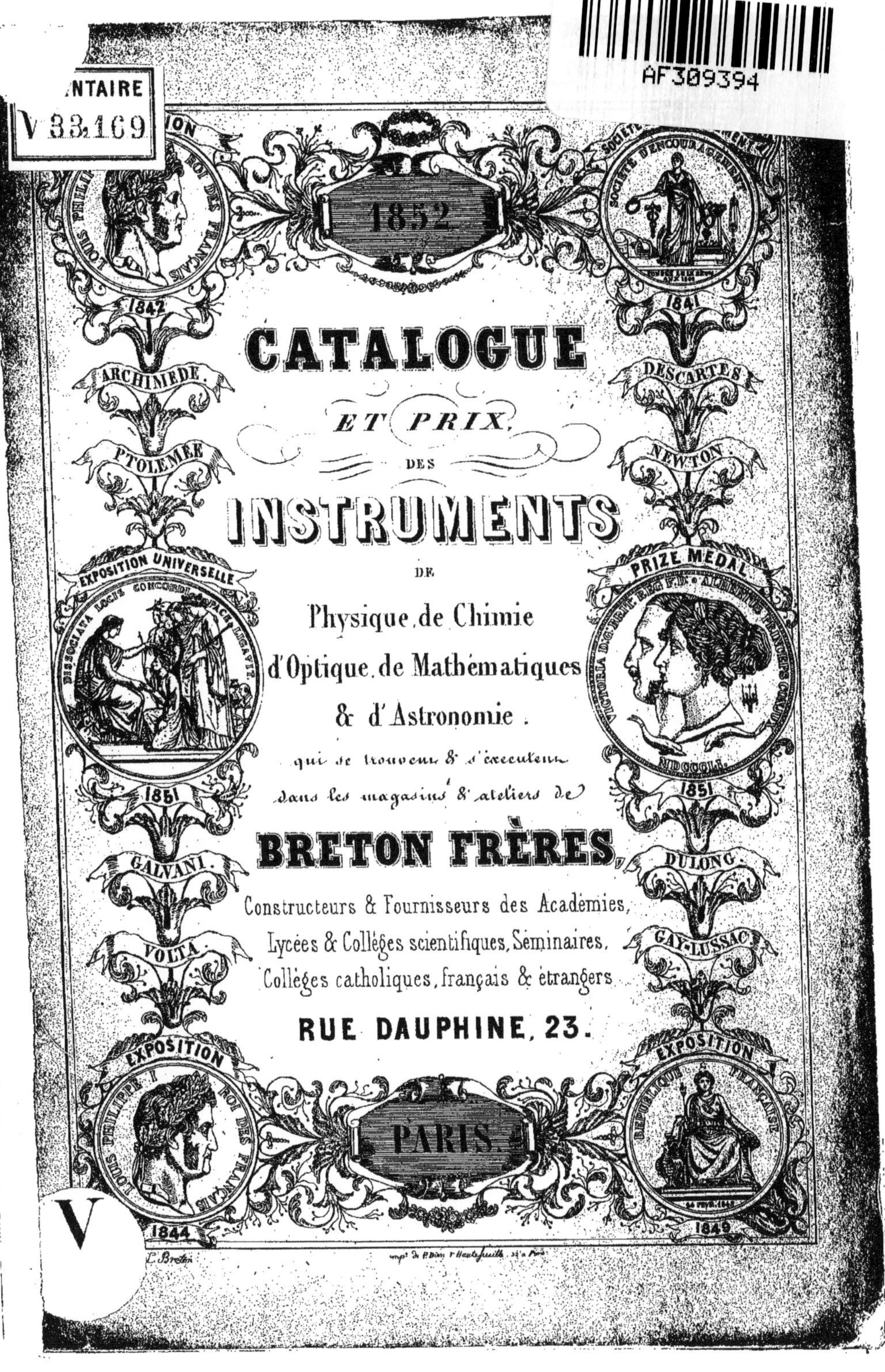

1852

CATALOGUE

ET PRIX

DES

INSTRUMENTS

DE

Physique, de Chimie

d'Optique, de Mathématiques

& d'Astronomie.

qui se trouvent & s'exécutent

dans les magasins & ateliers de

BRETON FRÈRES,

Constructeurs & Fournisseurs des Académies,
Lycées & Collèges scientifiques, Séminaires,
Collèges catholiques, français & étrangers

RUE DAUPHINE, 23.

PARIS.

L. Breton

imp. de P. Dûn, r Hautefeuille, 24, à Paris

CATALOGUE ET PRIX

DES

INSTRUMENTS

DE PHYSIQUE, DE CHIMIE,

D'OPTIQUE, DE MATHÉMATIQUES

ET D'ASTRONOMIE,

QUI SE TROUVENT ET S'EXÉCUTENT DANS LES MAGASINS ET ATELIERS

DE

MM. BRETON FRÈRES,

Fournisseurs des Facultés,
des Lycées et Colléges scientifiques, des Écoles normales, des Séminaires
et Colléges catholiques français et étrangers.

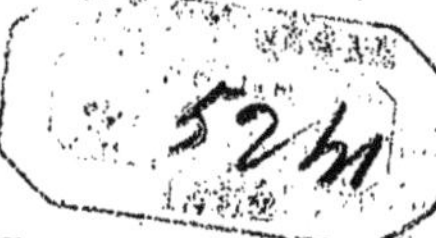

PARIS

RUE DAUPHINE, N° 23.

1852

RÉCOMPENSES NATIONALES

OBTENUES

PAR MM. BRETON FRÈRES

aux diverses Expositions des produits de l'Industrie.

UNE MENTION HONORABLE.

TROIS MÉDAILLES DONT UNE EN ARGENT.

UNE MÉDAILLE DE LA SOCIÉTÉ D'ENCOURAGEMENT.

LA MÉDAILLE DE PRIX

à la grande Exposition universelle de Londres.

AVIS.

Tous les instruments peuvent être expédiés facilement dans tous les pays.

L'emballage et le port des instruments sont toujours à la charge de l'acquéreur.

On est prié d'affranchir lorsqu'on ne demande que des renseignements.

Notre maison étant en relation d'affaires avec les meilleurs fabricants de produits chimiques, nous pouvons nous charger d'expédier, aux mêmes prix qu'eux, les produits venant de leurs fabriques, ainsi que la verrerie et tous autres objets nécessaires dans les laboratoires de chimie.

Nous fournissons également les diverses collections de produits industriels, d'histoire naturelle et de minéralogie.

Les personnes qui font une commande *pour la première fois* sont priées d'indiquer une maison à Paris où l'on puisse toucher le montant au moment de l'expédition ; pour celles qui ne pourraient employer ce moyen, nous ferons suivre le remboursement.

Paris.—Imprimerie de L. MARTINET, rue Mignon 2, quartier de l'École-de-Médecine.

AVERTISSEMENT.

Chaque jour, qui apporte à la science des trésors nouveaux et des découvertes nouvelles, crée pour ceux qui sont chargés de les mettre en lumière et de les produire des devoirs plus sérieux, des obligations plus étendues. Au soin difficile et capital d'être les interprètes fidèles de la pensée des auteurs, s'ajoute celui d'inventer, de perfectionner et de faire connaître : conditions essentielles, qu'un établissement scientifique, vraiment digne de ce nom, doit s'efforcer de remplir, s'il veut rendre des services et réussir.

Ne craignons point de le dire : les nombreuses récompenses, les flatteuses distinctions dont nous avons été honorés dans de solennelles circonstances, attestent que les sacrifices que nous avons faits, que les efforts que nous avons tentés pour suivre constamment les mouvements de la science, et, quelquefois, pour la devancer, n'ont pas été vains. On nous a rendu ce témoignage, que nous avions toujours scrupuleusement exécuté, souvent amélioré, et aussi heureusement innové : nous maintenir dans cette ligne honorable, mériter encore et toujours, telle est notre principale et plus chère ambition.

Mais il ne suffit pas de faire ; il faut encore faire connaître. Le public qui ignore a besoin d'apprendre ; le public qui sait demande à savoir mieux. C'est surtout quand il s'agit d'instruments d'optique, de physique et de précision, qu'il a le droit de se montrer exigeant et sévère. Aussi, avons-nous compris la nécessité de lui offrir un catalogue nouveau, où soient reproduits dans leurs plus minutieux détails, sur des planches choisies et d'après des dessins d'une correction achevée, avec leur appellation technique, leur signification usuelle, leur but et leur prix, *les objets les plus importants de création ou de perfection plus récente* ; objets plus spécialement destinés aux savants, aux professeurs et aux amateurs. Et afin de rendre faciles toutes recherches, nous avons divisé nos planches par séries, et, dans chaque série, chaque instrument dessiné porte le numéro d'ordre du catalogue qui indique son nom, son usage, son prix.

Initiés depuis longtemps aux détails de la fabrication, nous n'avons rien négligé pour faire subir à nos appareils tous les changements que la science nous conseillait , que l'expérience devait nous suggérer. Ces heureuses modifications, et les appareils nouveaux que *seuls* nous construisons , nous ont valu des encouragements précieux de la part du jury français, à plusieurs époques : le jury international nous a décerné la *médaille de prix* à la grande Exposition de Londres.

Nous ferons observer que si le prix de quelques appareils se trouve un peu plus élevé, cette différence est due et aux proportions plus grandes qu'ils ont acquises, et aux soins plus rigoureux encore apportés dans leur exécution.

Il est un point bien grave sur lequel nous devons appeler de toutes nos forces l'attention du public, et l'en faire juge. Des prix bas et avilis se rencontrent trop souvent sur des catalogues dressés, non par des constructeurs qui savent, à bon droit, le coût de leurs appareils, mais par des courtiers de commerce, étrangers aux premières notions de la fabrication et fort peu scrupuleux sur les voies et les moyens ; qu'il s'en défie et qu'il les repousse, son intérêt l'exige. Les instruments qui lui sont offerts, œuvre de la précipitation ou de l'ignorance, ne peuvent, malgré les apparences, cacher longtemps les vices de leur origine.

Jaloux de nous voir continuer la considération et la confiance publiques, nous nous attacherons de plus en plus à ne laisser sortir de nos ateliers et de nos magasins, récemment agrandis, que des instruments d'une construction parfaite, d'une forme irréprochable.

CATALOGUE ET PRIX

D'INSTRUMENTS

DE PHYSIQUE, DE CHIMIE,

D'OPTIQUE, DE MATHÉMATIQUES

ET D'ASTRONOMIE.

MÉCANIQUE.

LOIS DU MOUVEMENT ET DE L'ÉQUILIBRE.

N. B. Tous les articles marqués d'une astérisque indiquent que l'instrument se trouve représenté dans les planches au numéro correspondant.

	fr.
1.***Appareil** pour le choc des corps, à trois billes d'ivoire avec arc divisé, portant un timbre.	60
2.***Appareil** à sept billes d'ivoire pour la communication du mouvement, de 50 à	60
3. **Appareil** à billes décroissantes pour les mêmes expériences, 50 à	60
4. **Appareil** pour démontrer que le choc augmente la gravitation.	80
5. **Plan** de marbre et bille d'ivoire pour démontrer l'élasticité, 12 et.	14
6.***Appareil** à plan de marbre et bille d'ivoire, avec demi-cercle divisé, pour le mouvement réfléchi.	75
7. **Plan vertical** où le corps parcourt la diagonale d'un carré, en s'élevant par un mouvement composé, 30 et.	32
8. **Machine d'Attwood**, pour les lois de la gravitation, très beau modèle, grande colonne en bois d'acajou, avec pendule à secondes, règle divisée sur métal, poids très exact avec ses divisions, détente qui laisse tomber le corps au coup du pendule, pièces pour le mouvement uniforme et retardé, 650 et.	700
9. **Machine d'Attwood** plus simple, pendule à secondes libre, marquée par le son d'un timbre, détente mécanique ou à la main, 240 et.	250

MÉCANIQUE.

BALANCES.

POIDS DE PRÉCISION.

CATALOGUE DE BRETON F.RES

MÉCANIQUE.

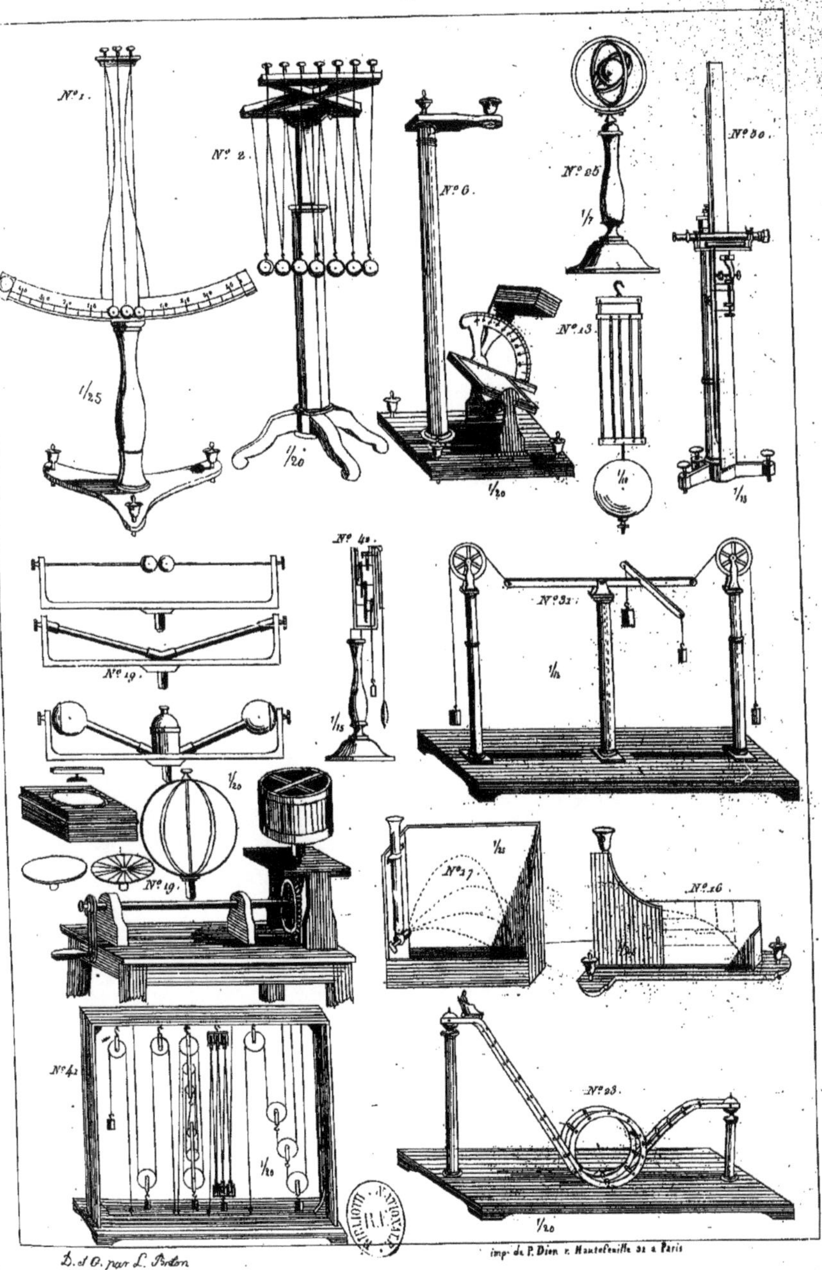

MACHINES A VAPEUR.

fr.

80. **Modèle** de machine à haute et basse pression, système de *Watt*, avec parallélogramme excentrique, bâti supporté par six colonnes, pompe à air alimentaire à eau froide, montée sur table d'acajou. 1200

81. **Même modèle**, sans parallélogramme ni excentrique, le bâti est supporté par une seule colonne, montée sur socle en acajou, avec ou sans chaudière, 540 ou 600

82. **Modèle** de machine à vapeur à haute pression, montée sur quatre colonnes et fixée sur socle en acajou, avec la chaudière, de 350 ou 400

83. **Modèle** de machine à vapeur à cylindre, oscillant avec sa chaudière. 340

84. **Modèle** de machine à vapeur, système de *Watt*, en carton et relief, ayant une manivelle qui fait fonctionner toutes les parties de la machine ; ce modèle convient pour la démonstration dans les cours. 20

85. **Modèle** de la pompe à feu, de *L. Nollet*. 180

86. **Modèle** de locomotive, avec tous ses agrès et rails-ways, dernières constructions. 2000

87. **Modèle** de tender, avec tubes articulés pour pompe alimentaire. . 300

88. **Modèle** de tiroir, en fonte. 24

89. **Modèle** de piston à ressort, pour machine à vapeur, en fer. . . 35

90. **Modèle** de piston à étoupe, en fer. 18

91. **Modèle** de soupape de sûreté, en fer et cuivre. 40

CALORIQUE.

DILATATION.

92.***Pyromètre** à aiguille et quart de cercle divisé, double tube en cuivre ouvert, servant de lampe à alcool, quatre règles de différents métaux pour les différentes dilatations. 56

93. **Pyromètre** à aiguille et quart de cercle, simple tube ouvert, servant de lampe, et modèle plus petit. 40

94. **Pyromètre** de M. *Babinet*. 28

95. **Pyromètre** de M. *Pouillet*, à deux règles, portant un vernier. . 160

96. **Pyromètre** simple, à deux règles de différents métaux. 30

97. **Pyromètre** à anneau de *S'Gravesande*, pour la dilatabilité. . . 20

98. **Pyromètre** de *Wedgwood*, pour les hautes températures. . . . 30

fr.

99. **Grand pyromètre** à cadran vertical, à engrenage, pour la dilatation comparée des différents métaux, garnis de deux verges de même longueur et diamètre, en argent, cuivre, laiton, fer et acier; cet instrument est renfermé sous une cage en verre. . .   230

100. **Appareil** pour la dilatation des liquides.   40

101. **Appareil** pour déterminer le dilatation absolue du mercure, d'après *Dulong*.   275

102. **Appareil** pour la dilatation des gaz, d'après *Gay-Lussac*. . . .   75

103. **Appareil** de M. *Regnault* pour la dilatation des gaz par la variation de pression, cet appareil peut servir au pyromètre à air. .   160

104. **Appareil** pour graduer les thermomètres. . . . , ...   25

104 *bis*. **Machine** à diviser, d'après les dernières modifications de M. *Regnault*.   300

104 *ter*. **Petite machine** à diviser les tubes   200

105. **Appareil** servant à prendre le point d'eau bouillante dans les thermomètres, 12 à.   20

106. **Thermomètre** métallique de *Bréguet*.   80

107. **Thermomètre** du même, servant au courant d'induction. . .   100

108. **Thermomètre** métallique de poche, forme de montre.   35

109. **Les mêmes**, boîtes en or ou argent, 160 ou.   70

110.***Appareil** pour connaître le maximum de densité de l'eau, avec les deux thermomètres, sur ivoire.   20

CALORIQUE RAYONNANT.

111. **Deux miroirs** paraboliques, concaves, cuivre poli, de 50 centimètres de diamètre, avec panier en fer pour le feu, et pinces en cuivre pour l'amadou, servant à démontrer la réflexion des rayons calorifiques. Ces miroirs sont montés sur pieds guéridons en noyer verni.   140

112. **Deux miroirs** paraboliques concaves, de 40 centimètres de diamètre, mêmes montures que les précédents.   120

113. **Mêmes miroirs**, montés sur pieds ronds à colonnes.   110

114. **Un seul miroir** parabolique, de 32 centimètres de diamètre, servant à répéter les expériences de *Leslie*, montés sur pieds ronds à colonne.   40

115. **Un cube** en cuivre, ayant quatre faces, de différents métaux polis, d'environ 10 centimètres de côté, pour les expériences de *Leslie*, monté sur pied à colonne.   30

116. **Autre cube**, en fer blanc, à faces peintes, pour les mêmes expériences.   12

117. **Thermomètre** différentiel, de *Leslie*.   12

118. **Thermoscope** de *Rumfort*.   12

119. **Deux cylindres** en fer blanc, ayant un fond en laiton poli, monté sur pied à colonne, pour servir avec le thermoscope. . .   20

fr.

CALORIMÉTRIE.

GAZ ET VAPEURS.

MANOMÉTRIES.

fr.

162. **Manomètres** pour locomotive, à onze colonnes, de 5 millimètres, de 7, 8 ou 9 atmosphères, de 220, 230 ou   260

163. **Manomètre** à air comprimé, divisé sur tube monté sur bois, cuvette en fer, robinets en cuivre et tuyaux en plomb 12 atmosphères.   56

164. **Manomètre** à air libre, grande cuvette en fonte et ajutage
en cuivre, 4 atmosphères.   125

165. **Manomètre anéroïde**, de 145 ou.   160

166. **Tubes** de manomètre en cristal, à air comprimé, de 6, 8 ou   10

167. **Appareil** ou **Tube de niveau** en cristal pour chaudière, monté
sur planchette en bois entaillé, avec brides, douilles et em-
base de cuivre.   26

168. **Thermomanomètre** monté sur cuivre.   30

(Ce petit manomètre est très commode à cause de son peu de volume.)

169. **Thermomanomètre** plus complet, de 60 à   90

CHIMIE.

170. **Table** ordinaire à souffler le verre, avec lampe en fer-blanc, ajutage en cuivre.   45

171. **Table** en noyer à souffler le verre, lampe à bec vertical, d'après
M. *Péclet*.   70

172. **La même**, mais dont la table est recouverte en zinc.   90

173. **Table** *idem*, lampe à alcool, à niveau constant, soufflet circulaire
renfermé dans la table.   90

174. **Même table**, avec lampe ordinaire en fer-blanc, recouverte où
non en zinc, de 75 ou.   60

175. **Lampe** à distiller ou **Laboratoire** portatif de *Guyton de Mor-
veau*, avec les différentes pièces en cuivre pour porter les matras, cornues, tubes, etc. Deux bains de sable en fer, et support.   80

176. **Laboratoire** *idem*, plus petit.   50

177. **Lampe** à alcool, à éolipile, tout en cuivre, avec support et
chaînes en cuivre, bain de sable en fer.   35

178. **Lampe** de *Berzelius*, tout en cuivre.   24

179. **Lampe** *idem*, plus simple.   12

180. **Lampe** à esprit de vin en cristal ou cuivre, de 3, 4 ou   5

181. **Lampe** *idem*, à spirale en platine, de 10 ou.   12

182. **Lampe** hydroplatinique, à bec en porcelaine, de 10, 12, 15 ou   20

183. **Lampe** de sûreté de *Davy*, à toile métallique, pour l'usage des
mines, en fer ou en cuivre, de 8 ou   14

184. **Grande Lampe** pour l'usage des mines, modèle adopté en An-
gleterre.   25

185. *****Appareil** pour le dégagement de l'hydrogène, servant à remplir
le pistolet de *Volta* et les vessies.   32

USTENSILES DE CHIMIE (*voyez aussi les n°* 1318 *à* 1386).

		fr.
207.	**Petite pompe** en cuivre servant à faire le vide dans divers appareils à un ou deux robinets, de 25 ou	30
208.	**Cornue** en plomb s'ouvrant en deux parties, et un récipient de même matière pour l'acide fluorique, de 30 ou	36
209.	**Cornue** en fonte de fer d'un quart de litre	18
210.	**Cornue** *idem,* d'un demi-litre ou d'un litre et demi, de 25 ou	50
211.	**Récipient** en cuivre s'ouvrant en deux parties, pour le potassium.	12
212.	**Chloromètre** complet de M. *Gay-Lussac*, avec les liquides d'épreuves dans sa boîte	35
213.	**Alcalimètre** du même dans sa boîte	32
214.	**Alcalimètre** de *Décroizille* à une ou deux échelles, de 8 ou	12
215.	**Sulfhydromètre** de *Dupasquet* complet	30
216.	**Appareil** de *Marsh* pour les expériences sur l'arsenic, de 10, 15 ou	18
217.	**Alambic** de *Gay-Lussac* pour l'essai des vins	50
218.	**Berthollimètre** pour le blanchiment	12
219.	**Saccaromètre** pour les sirops	5
220.	**Appréciateur** *Robine*, indiquant quel sera le rendement d'un sac de farine, avec l'instruction, de 10 ou	12
221.	**Appareil** ou **laboratoire** portatif de M. *Donny*, servant à reconnaître la falsification des farines, adopté par le gouvernement, de 35 ou	50
222.	**Appareil** pour l'acide florique, de 15, 30 ou	40

EUDIOMÉTRIE.

223.	***Grand Eudiomètre** de M. *Regnault*, monté sur banc en fonte de fer, avec lunette	340
223 *bis*.	**Le même**, sans lunette	270
224.	**Eudiomètre** à soupape, d'après *Gay-Lussac*, garni en cuivre ou en fer, de 15, 20, 25 ou	30
224 *bis*.	**Eudiomètre** garni en platine, servant à l'eau ou au mercure, de 45 ou	60
225.	**Eudiomètre** simple à combustion, garni en cuivre, ou en fer pour la cuve à mercure, de 8, 10 ou	12
226.	***Grand Eudiomètre** de *Volta* à deux robinets en cuivre, surmonté d'un tube en cristal divisé en 200 parties, et sa mesure à coulisse	72
227.	**Eudiomètre** du même, plus simple et plus petit, et sa mesure à coulisse	48
228.	**Eudiomètre** à gaz nitreux, avec ou sans la mesure à coulisse, de 45 ou	24

fr.

229. **Tube en cristal**, gradué en cent ou deux cents parties égales,
pour mesurer les résidus gazeux de l'eudiomètre, 4, 5 et. .   6

230. **Éprouvettes** graduées en partie du litre, 4, 5 et.   6

FEUX DE GAZ HYDROGÈNE.

231. **Appareil** en plomb et cuivre pour extraire le gaz hydrogène servant à remplir les vessies et ballons en baudruche.   25

232. **Une cornue** en cuivre rouge s'ouvrant à vis, et récipient en fer-
blanc, pour extraire le gaz hydrogène carboné par la distillation
de différentes substances combustibles : le charbon de terre,
l'huile, etc., etc. Ces gaz brûlent de différentes couleurs, et l'on
en forme de très jolis feux avec les appareils suivants.   35

233. **Un soleil tournant** simple.   8

234. **Un grand soleil** *idem*, à lame d'acier, donnant une flamme
rouge.   12

235. **Un double** ou **triple soleil**, 15 ou.   18

236. **Une pièce en cercle**, avec soleil au centre.   32

237. *Idem*, à forme triangulaire.   32

238. **Une pièce** à branche droite, formant des fleurs.   40

239. *Idem*, à limaille, pour la gerbe imitant l'artifice à poudre. .   15

240. **Appareil** à brûler l'air atmosphérique avec le gaz éthéré,
étoiles et bouquets.   15

241. **Tuyaux** courbés à trois pas de vis, pour adapter deux vessies au
même appareil.   6

242. **Pièce** dite intermédiaire, pour joindre ensemble deux vessies et
mélanger les gaz, de 2 à   4

BALLONS ou AÉROSTATS EN BEAUDRUCHE.

243. **Ballon** de 30 à 40 centimètres de diamètre, de 4 à   6

244. *Idem* de 50 à 60 centimètres   —   de 8 à.   10

245. *Idem* de 70 à 80 centimètres   —   de 15 à.   20

246. *Idem* de 1 mètre, avec ou sans filet, de 30 à   35

247. *Idem* de 1 mètre 50 centimètres, avec filet.   50

248. *Idem* de 2 mètres, sujets divers, 60 ou.   70

249. **Siphons** en fer-blanc, servant à remplir les aérostats, de 5 ou   10

CATALOGUE DE BRETON F^{RES}

CALORIQUE

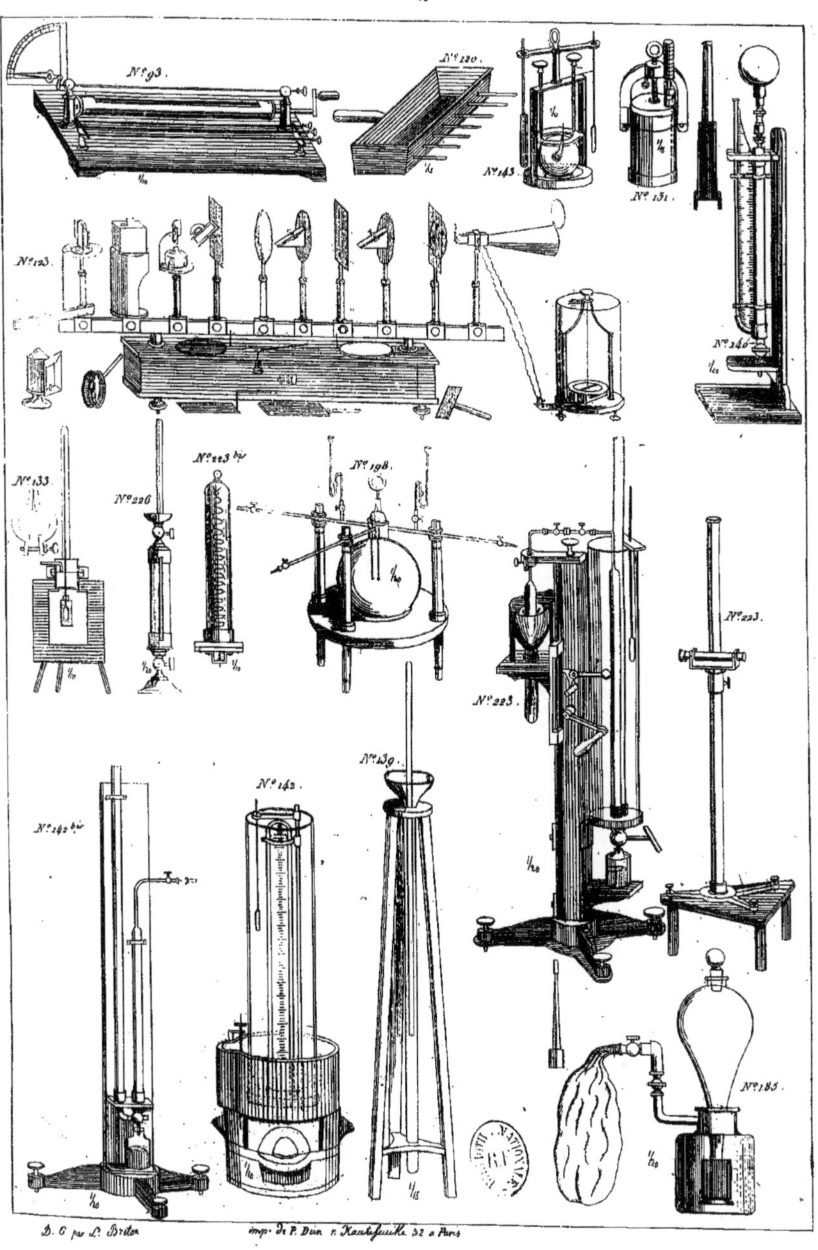

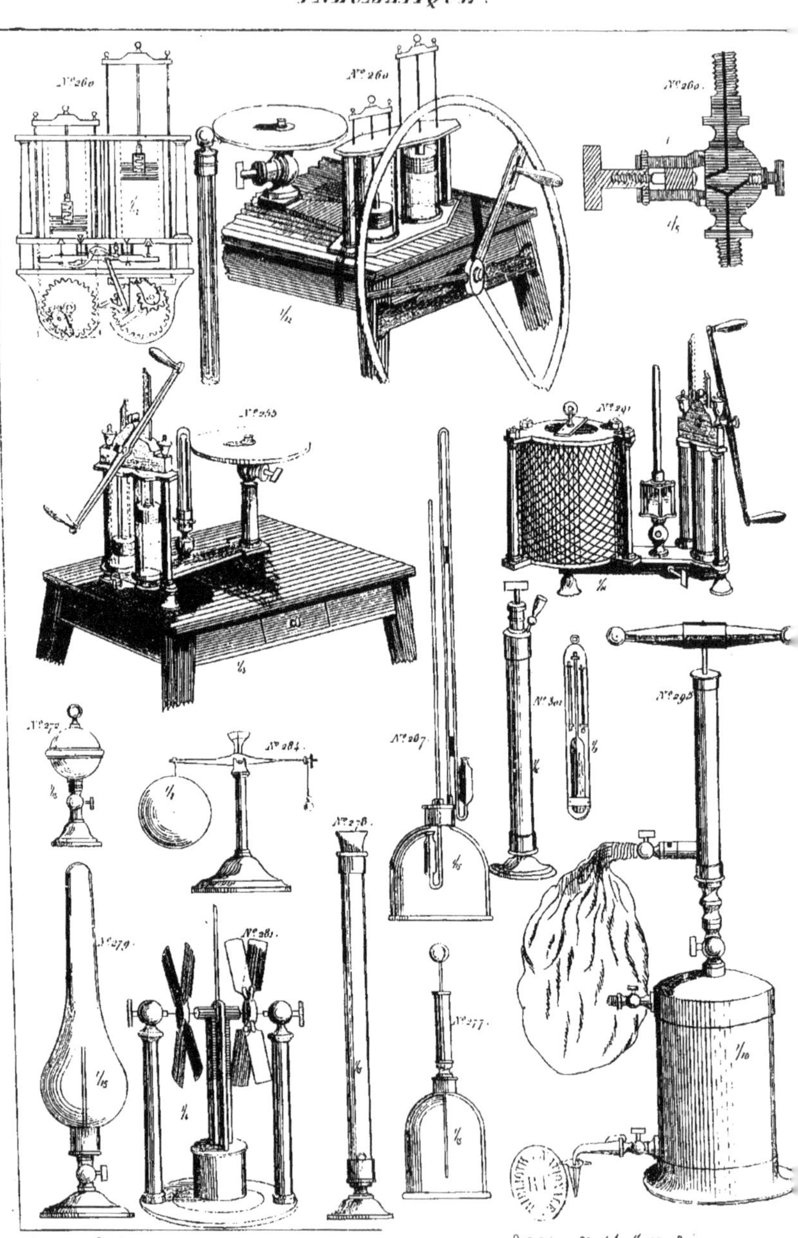

D. et G. par L. Breton

imp. de P. Dien r. Hautefeuille 32 a Paris

PNEUMATIQUE.

(Toutes ces machines font le vide à moins d'un millimètre.)

fr.

250. **Machine pneumatique** nouvellement perfectionnée, à deux corps de pompe en cristal, platine de 27 centimètres, avec le système de M. *Babinet*. 380

250 *bis*. **Même machine**, montée sur une table en acajou. 400

251. **Même machine,** corps de pompe en cuivre, avec ou sans table, 360 ou. 380

252. **Machine pneumatique**, dont la platine de 27 centimètres est élevée sur colonne en cuivre, avec éprouvette et manomètre entier, corps de pompe en cristal avec table. 460

253. **Grande machine pneumatique** à double épuisement, de M. *Babinet*, faisant le vide à moins d'un millimètre ; corps de pompe en cristal, platine de 33 centimètres, élevée sur colonne en cuivre, éprouvette et manomètre entier pour l'expérience du baromètre. 700

254. **Même machine**, dont la platine élevée est de 36 centimètres de diamètre, fort corps de pompe en cristal. 850

255.***Machine pneumatique**, nouvellement perfectionnée, corps de pompe en cristal, double épuisement, d'après M. *Babinet*, platine de 32 centimètres, table en acajou. 580

256. **Machine pneumatique**, même construction, platine de 32 centimètres, élevée sur colonne. 680

257. **Machine pneumatique**, petit modèle, platine de 22 centimètres, corps de pompe en cristal, avec table. 340

258. **La même,** corps de pompe en cuivre. 290

259. **Machine** *idem*, plus petite, platine de 18 centimètres, corps de pompe en cuivre, sans table. 225

MACHINE PNEUMATIQUE ROTATIVE.

260.***Nouvelle machine pneumatique**, à mouvement de rotation continu, sans clef ni soupape ; cette machine, d'une manipulation facile, permet de faire le vide en très peu de temps et sans fatigue, la platine élevée sur colonne à 35 centimètres de diamètre, corps de pompe en cristal très fort, de 9 centimètres de diamètre, double épuisement, de M. *Babinet*. 900

(Nous avons fourni de semblables machines à l'École centrale de pharmacie, à Paris ; au collége de l'Université romaine ; à Rome, au collége d'Albano, Italie ; à l'école Polytechnique de Vienne en Autriche et au lycée national de Brest, etc., etc.)

(Toutes ces machines sont à double épuisement d'après M. Babinet et font le vide à moins d'un millimètre.)

261. **Double platine** en cuivre, à plateau de glace rodé, pour conserver les corps longtemps dans le vide, avec ou sans éprouvette, 40 ou. 50

fr.

fr.

COMPRESSION.

APPAREILS POUR LA CONFECTION DES EAUX GAZEUSES.

MÉTÉOROLOGIE.

fr.

307. **Baromètre** droit très élégant, monté sur planchette en acajou ou palissandre, écrit sur bois de houx, avec deux thermomètres, à siphon, ou à robinet, 30, 35 ou. 50

308. **Les mêmes**, plaques en cuivre blanchi, 45, 60 ou. 75

309. **Les mêmes**, dont les plaques sont en porcelaine, 75, 80 ou. . 90

310. **Baromètre** droit en acajou ou palissandre, à cuvette plate, avec ou sans thermomètre, 75, 90 ou. 115

311. **Baromètre** droit, grand modèle, en ébène, à cuvette cachée, tube coudé et masqué par un grand thermomètre en porcelaine. . . 100

312. **Baromètre** grand modèle, très riche, large cuvette en porcelaine sur acajou, palissandre ou ébène, deux thermomètres, garniture dorée, de 180, 200, 250 à. 300

313. **Baromètre** droit à siphon sur planchette peinte ou noyer verni, avec ou sans thermomètre, 10, 12, 15 et. 18

314. **Baromètres à cadrans** en papier, cuivre ou porcelaine, de 35, 70, 90 et. 120

314 *bis*. **Baromètre** droit, fermant, à robinet, avec un thermomètre en noyer, et écrit. 25

315. **Baromètre** fermant, à robinet, avec thermomètre, en acajou, les plaques gravées en cuivre, et blanchi. 75

BAROMÈTRES D'OBSERVATION.

316.***Baromètre** de *Gay-Lussac*, avec modifications *Bunten*, servant à mesurer les hauteurs, doubles verniers à crémaillère, étui en cuir pour porter le baromètre en bandoulière. 95

317.***Baromètre** de *Gay-Lussac*, même construction, ayant en plus un trépied en cuivre pour le mettre en observation . . . 125

318. **Baromètre** à canne, avec vis pour le niveau constant. 80

319. **Baromètre** portatif, système *Fortin*, à niveau constant, avec son trépied à suspension, planche en acajou et support en cuivre pour le mettre en observation dans le cabinet. 245

320. **Même baromètre** sans support. 175

321. **Baromètre marin**, suspension de *Cardan*. 90

322. **Baromètre anéroïde** nouveau système, par lequel le vide d'air remplace le mercure et toute espèce de liquides, 45 et. 55

323. **Thermomètre-barométrique** de *Wollaston*, destiné à mesurer les hauteurs, dans sa boîte. 90

324. **Symplèzomètre** de M. *Bunten*, dans sa boîte de voyage. . . . 72

325. **Hypsomètre**, servant à mesurer la hauteur des montagnes, par l'ébullition de l'eau. 75

THERMOMÈTRES POUR EXPÉRIENCES.

THERMOMÈTRES DIVERS POUR APPARTEMENTS, CABINETS, VOYAGES, ETC.

fr.

HYGROMÈTRES.

UDOMÈTRES OU PLUVIOMÈTRES.

HYDROSTATIQUE.

fr.

427.***Appareil** pour le maximum de densité de l'eau.   18

428. **Appareil** des quatre éléments ou **Fiole** contenant quatre liquides de densité différente , de 4 à.   6

429. **Appareil** des tubes capillaires.   15

430. **Deux glaces** à charnières pour démontrer la capillarité, de différentes grandeurs , de 25 à.   36

431. **Deux disques en glace**, à suspendre , pour l'adhérence des liquides.   10

432. **Lames inclinées** pour la capillarité.   15

433. **Appareil** pour l'endosmose, d'après M. *Dutrochet*, de 5 à. . . .   8

434.***Balance hydrostatique**, grand modèle, bien soignée, montée
sur colonne en cuivre , avec collection complète des accessoires
propres aux expériences.   300

435. **Balance hydrostatique**, plus petite, également bien soignée,
avec ou sans les accessoires ci-dessus , 200 ou.   225

436. **Appareil** pour démontrer qu'un corps plongé dans un liquide
perd de son poids une quantité égale en poids du volume du
liquide qu'il déplace. :   16

    (Cet appareil se trouve compris dans les accessoires de la balance hy-
drostatique.)

ARÉOMÈTRES.

437. **Aréomètre** ou **Balance hydrostatique** de *Nicholson* en fer
blanc poli ou verni, 8 ou.   10

438. **Aréomètre** semblable en cuivre, ayant une capsule renversée et
à jour pour les corps plus légers que l'eau, avec son éprouvette,
différentes grandeurs , de 18, 24 ou.   28

439. **Même aréomètre** tout en verre, 15 à.   18

440. **Aréomètre universel** pour les liquides plus légers et plus pe-
sants que l'eau.   12

441. **Le même** avec un thermomètre.   18

442. **Aréomètre centésimal** de *Gay-Lussac*.   3

443. **Aréomètre** semblable, en argent, avec boîte et thermomètre,
de 25 à.   35

444. **Aréomètre** de *Fahrenheit* en verre.   10

445. **Aréomètres** divers, pour savons, sels, acides, sirops, cidres et
lessives, chacun.   2

446. *Idem* pour les acides concentrés, l'éther, les vins, vinaigres
et huiles , avec étuis, chacun.   3

446 *bis*. **Les mêmes** en argent ou en platine, 40 ou.   70

447. **Aréomètres** en cuivre ou en argent pour tous les liquides , 18,
20 , 25 ou.   30

448. **Gravimètre** de *Guiton-Morveau*, tout en verre , pour peser
dans les acides.   25

HYDRODYNAMIQUE

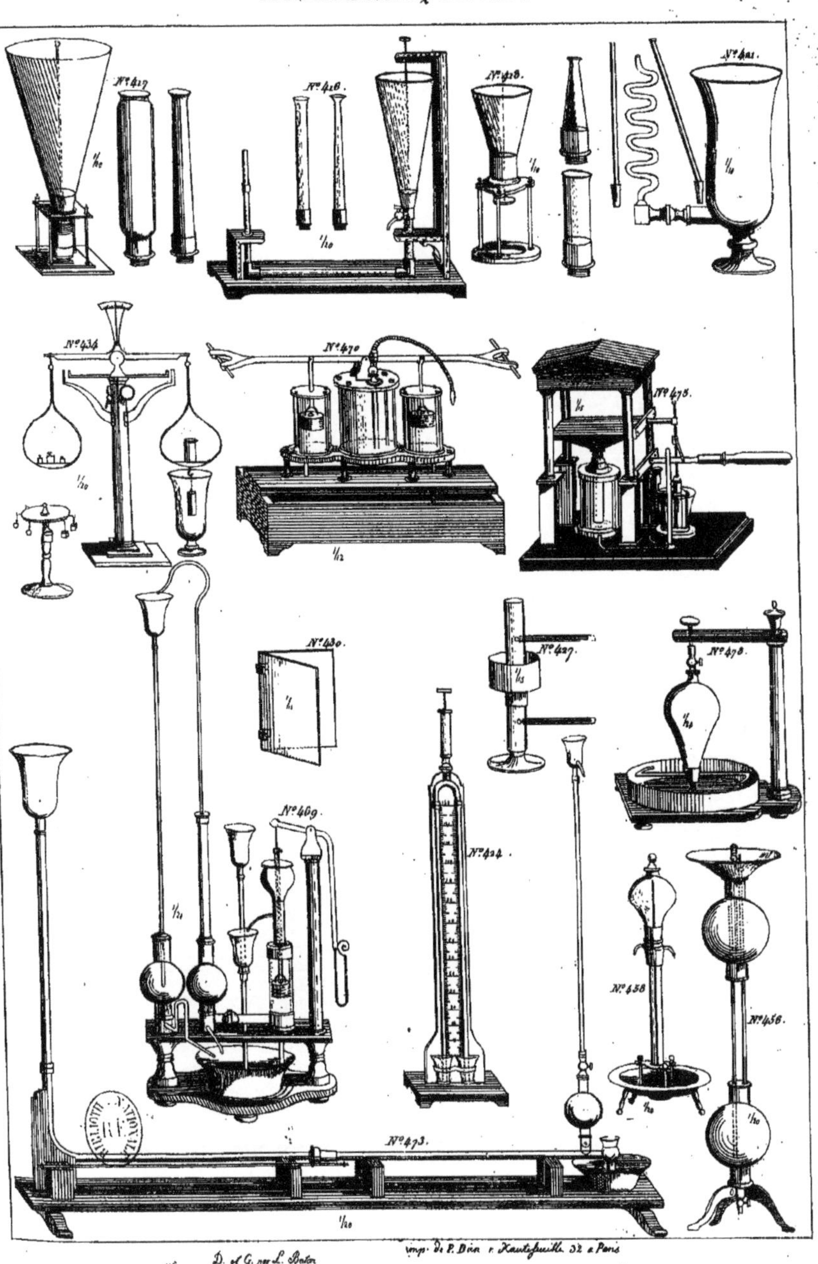

N.º 417
N.º 416
N.º 418
N.º 421
N.º 434
N.º 470
N.º 475
N.º 430
N.º 427
N.º 476
N.º 424
N.º 409
N.º 458
N.º 456
N.º 473

•◆◆⊛◆◆•

ÉLECTRICITÉ.

MACHINES ÉLECTRIQUES.

BOUTEILLES DE LEYDE ET BATTERIES.

ÉLECTROMÈTRES.

ÉLECTROPHORES.

ÉLECTRICITÉ LUMINEUSE.

fr.

604. Globe en cristal, avec tige mobile et robinet, pour faire voir l'électricité dans le vide, dans l'air comprimé et à travers différents gaz. 30

605. Œuf électrique plus simple, pour la même expérience. 20

606. Globe pour l'aurore boréale. 20

607. Récipient à matras pour l'expérience de la bouteille de *Leyde* dans le vide, 20 à. 25

608. Tube vide d'air pour la phosphorescence. 6

609. Tubes étincelants pour les solutions de continuité, selon la grandeur, 5, 10, 15 et. 18

609 bis. Matras étincelant, même expérience, 10, 15 et. 18

610. Temple lumineux ou **Appareil** à sept colonnes étincelantes. . 40

611. Tableau étincelant monté sur un pied isolé, de 12 ou. . . . 15

612. Six tableaux étincelants, représentant divers dessins ou inscriptions, avec support isolé pour tous, et boîte, 40 à. . . . 50

613. Tableaux magiques de *Franklin*, selon la grandeur, chacun de 4, 6 ou. 8

614. Le même, garni en aventurine, 6 ou. 8

615. Récipient d'*Ingenhous*, pour brûler une spirale en platine, de 20 ou. 30

616. Nouvel appareil hydro-électrique.. 650

(Cet appareil composé d'une chaudière isolée de tubes à cols de cygne, donne de très fortes étincelles.)

ÉLECTRICITÉ PAR FROTTEMENT.

617. Cylindre de verre dépoli d'un bout. 3

618. *Idem* en cire rouge, de différentes grandeurs, de 3 à. . . . 6

619. *Idem* en gomme-laque, *idem*, 3 à. 6

620. Cylindre de cuivre avec manche en cristal. 7

621. Tube en verre pour le développement de l'électricité par le frottement du mercure, 5 ou. 6

622. Disques en métal isolé pour l'électricité par frottement, chacun 6

623. Disque en glace pour la même expérience. 10

624. Pendules électriques, support métallique ou en verre, à balle de sureau, 4 ou. 6

GALVANISME.

PILES.

fr.

625. **Pile** de *Volta*, composée de 50 ou 60 couples, zinc et cuivre, de 4 centimètres de diamètre, placées l'une sur l'autre entre trois colonnes de cristal, 30 ou 35

626. **Pile** *idem*, de 70 à 80 couples, de 6 centimètres de diamètre, de 50 à 70

627. **Pile** de *Volta*, à auge, de 30 ou 40 éléments, zinc et cuivre, de 54 millimètres carrés, 30 ou 40

628. **La même**, 40 éléments, de 9 centimètres sur 11. 55

629.   *Idem*, 40 éléments, de 11 centimètres sur 16. 75

630. **Appareil** de *Wollaston*, à un seul élément, pour brûler les métaux. 12

631. **Pile** de *Wollaston*, à bocaux en verre, composée de 6 éléments, de 11 centimètres sur 16. 60

632. **Pile** *idem* de 12 éléments. 110

633. **La même**, s'élevant et s'abaissant par un engrenage avec manivelle et chaîne *à la Vaucanson*. 150

634. **Pile** de *Faraday*, composée de 20 éléments, dans une seule auge. 25

635. **Pile** *idem*, de 75 éléments, dans une auge à cinq compartiments. 80

636. **Pile** de *Munch*, de 40 éléments et ses accessoires pour la lumière électrique. 45

637. **La même**, de 50 éléments *idem* 55

638. **Pile** de *Daniel*, à courant constant, bocal cylindrique et vase poreux, de 8 centimètres sur 20. 12

639. **Pile** de 6 éléments semblables, dans une boîte. 72

> (Ces éléments peuvent marcher pendant plus de vingt jours ; ce sont les piles qui coûtent le moins d'entretien.)

640. **Pile** de *Bunsen*, à charbon plat au centre, nouveau modèle, 1 seul élément. 4

640 *bis*.   *Idem*, plus grand modèle, charbon de 16 centimètres sur 4. 5

641. **Pile** de *Bunsen*, de 10 éléments, première grandeur, dans une monture en bois de chêne 44

642. **La même**, deuxième grandeur, *idem* 50

643. **Batterie** *idem*, de 20 éléments, première grandeur, *idem*. . 87

644. **Batterie** *idem*, de 20 éléments, deuxième grandeur, *idem*. 100

> (L'action puissante et constante de cette pile la rend extrêmement précieuse pour les expériences nouvelles de galvanoplastie et de dorure, ainsi que pour les belles expériences sur la lumière électrique.)

645. **Pile** de *Groove*, dont le charbon est remplacé par une lame de platine, 1 seul élément avec deux pinces et conducteur en cuivre. 7

fr.

646. **Batterie** de *Groove*, de 6 éléments.   40

647.   *Idem*,   de 10 éléments avec boîte   65

648.   *Idem*,   de 20 éléments,   *idem*   125

649. **Pile à gaz** de *Groove*, 6 éléments.   36

    (Les éléments de Groove sont encore plus puissants que ceux de Bunsen ; le platine remplaçant le charbon, ils sont d'un usage plus propre, et, sauf le zinc, absolument inaltérables. Ces éléments servent avec avantage pour toutes les expériences de galvanoplastie et de dorure.)

650. **Pile** de M. *Becquerel*, à courants lents de 6 éléments, dans un
châssis, pouvant plonger à volonté les éléments dans les bocaux.   60

651. **Deux disques** zinc et cuivre isolés, pour la théorie de la pile. .   10

652. **Une plaque** zinc et cuivre, soudés ensemble.   3

652 *bis*. **Un excitateur** zinc et cuivre, pour la grenouille.   3

653. **Un grand ballon** pour les expériences de la lumière électrique
dans le vide.   55

654. **Un ballon** *idem*,   plus petit.   35

655.* **Un appareil** régulateur de la lumière électrique, par *Breton*
frères.   125

656. **Un appareil** pour la fusion des métaux et pour la lumière dans
l'air libre.   75

657. **Un appareil** pour la lumière seulement..   40

658. **Un voltamètre** servant à la décomposition de l'eau par l'action
de la pile, garni de fil de platine et de deux éprouvettes pour
recueillir les gaz.   12

659. **Même appareil** pour la décomposition de l'eau, monté sur tablette et presse en cuivre, deux éprouvettes graduées.   18

660. **Rhéostat** de *Wheatstone*, pour mesurer la constance des
piles, à fil très fin.   65

661. **Rhéostat** du même,   *idem*,   à gros fil.   48

662. **Rhéostat**   *idem*,   à quatre bobines de fils recouverts de soie,
de différentes longueurs.   100

663. **Appareil** de *Wheatstone*, pour les courants croisés.   46

664. **Appareil** du même, pour mesurer la résistance des liquides par
la pile.   26

665. **Deux piles** sèches de *Zamboni*, faisant tourner une aiguille,
de 60 ou.   100

666. **Appareil** de galvanoplastie, ou **Cuve électro-typique** pour la
reproduction des médailles ou clichés, selon la grandeur, de
20, 25 et.   30

667. **Cuve en verre** avec conducteurs, servant à la dorure, à l'argen-
ture par la galvanisation, selon la grandeur, de 8, 10, 15 et. .   20

668. **Boîte de plombagine** pour métalliser les corps non conducteurs.   1

669. **Bains d'or** tout préparé, le demi-litre.   12

670. **Bains d'argent** *idem*   4

671. **Nécessaire** complet de galvanoplastie pour cuivrer, argenter,
     dorer, et pour reproduction de médailles, clichés, etc., etc.,
     avec les bains et les électrodes nécessaires pour opérer. . . .   50
672. **Cuve ronde** en verre, disposée pour la reproduction en cuivre
     des statuettes, bas-reliefs, etc., selon la grandeur, de 20, 30 et   40

MAGNÉTISME.

AIMANTS.

673. **Pierres d'aimant,** montées avec armatures, petite dimen-
     sion, de 30 à.   60
674. **Aimants naturels** *idem*, plus forts, armés et suspendus
     entre deux colonnes en bois, avec vase ou plateau pour les char-
     ger, selon la grosseur, de 80 à.   400
675. **Pierres d'aimant,** le kilogr.   30
676. **Aimants artificiels,** forme de fer à cheval, à un ou plusieurs
     fers, portant de 1 à 12 kilogr., de 10 à.   50
678. **Aimants** *idem*, montés avec supports en bois, portant de 3 à
     5 kilogr.   46
679. **Aimants artificiels,** montés comme le n° 674, portant de 6 à
     12 kilogr., 60 ou   80
680. **Les mêmes,** plus grands, portant de 15 à 50 kilogr. même mon-
     ture, de 100 à.   150
681. **Boîte** renfermant deux barreaux aimantés, avec leur contact,
     de 25 à 30 centimètres, 20 à.   25
682. **Boîtes** de deux barreaux aimantés, *idem*, de 40, 50 et 55
     centimètres de longueur, 30, 35 et.   40
683. **Boîtes** de deux barreaux aimantés, de 16 à 22 centimètres de
     longueur, 16 ou.   18
684. **Boîte** renfermant deux grands faisceaux magnétiques, composés
     de six barreaux de 40 ou 50 centimètres de longueur, avec leur
     contact, de 120 ou.   150
685. **Petit barreau aimanté,** dans son étui.   4
686.   *Idem idem,* avec un tonton magnétique.   7

AIGUILLES AIMANTÉES.

687. **Aiguille aimantée,** à chape de cuivre, de 10 à 16 centimètres,
     de 3, 4 à.   5
688. **Aiguille aimantée,** à chape d'agate, de 5 à.   7

fr.

⸺⸺⸺

ÉLECTRO-MAGNÉTISME.

ÉLECTRO-DYNAMIQUE.

702.* **Nécessaire électro-dynamique** de *Breton* frères, avec lequel on peut répéter, d'une manière facile, toutes les expériences fondamentales de *Volta*, d'*OErsted*, d'*Ampère*, de *Nobili*, de *Faraday*, de *Bartoow*, de *Pouillet*, de *Delarive*, etc., etc.; les nouvelles expériences sur les phénomènes d'induction et d'électro-magnétisme, ainsi que celles sur la lumière électrique, enfin toutes les expériences relatives aux propriétés physiques, chimiques, dynamiques et magnétiques des courants. La collection complète dans sa boîte, portant la table des courants.   680

     (La quantité d'instruments compris dans ce nécessaire, pris séparément, reviendraient à plus de 1,000.)

     Nous avons livré ce nécessaire à un grand nombre d'établissements scientifiques.

703. **Appareil** d'*Ampère* propre à répéter ses expériences.   440

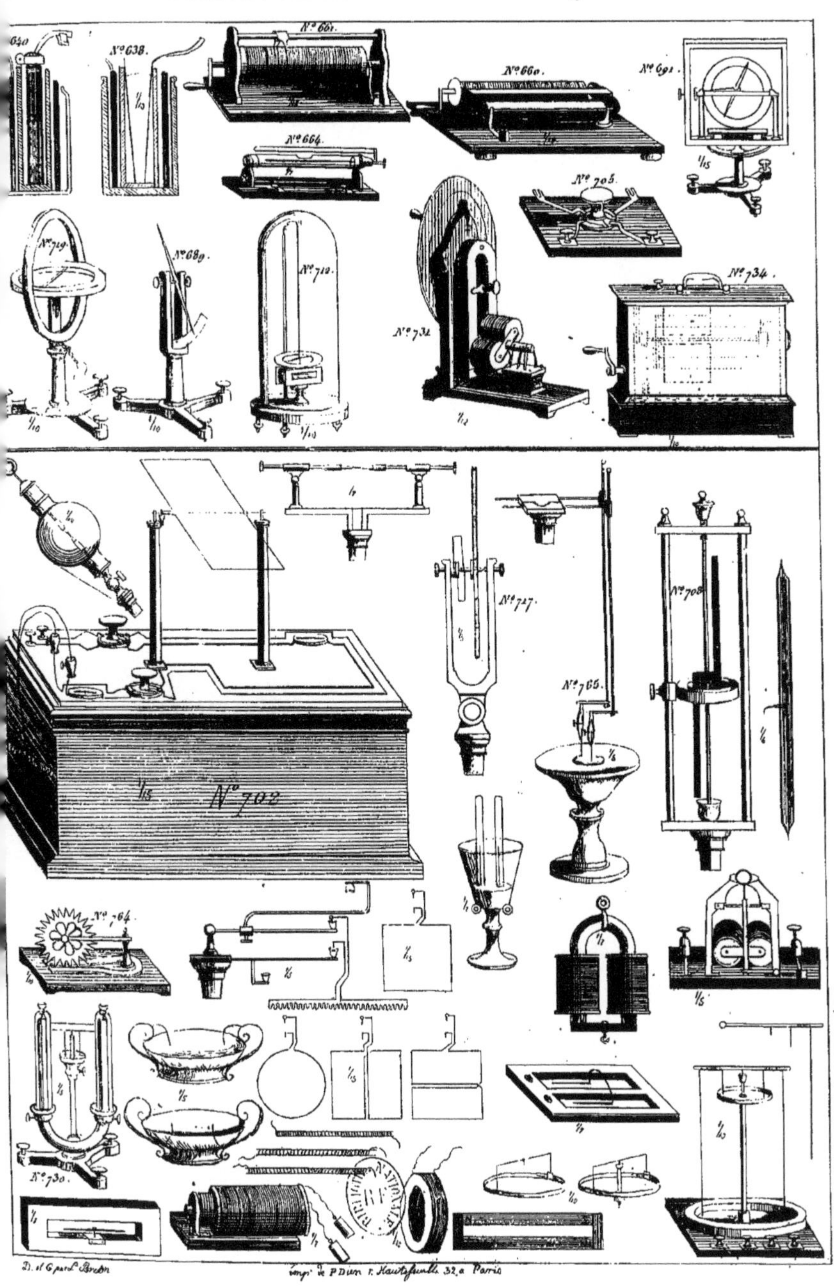
N.° 661.
N.° 638.
N.° 660.
N.° 691.
N.° 664.
N.° 705.
N.° 719.
N.° 689.
N.° 712.
N.° 734.
N.° 732.
N.° 727.
N.° 708.
N.° 765.
N.° 702.
N.° 64.
N.° 730.

GALVANOMÈTRES.

ÉLECTRO-AIMANTS.

fr.

de soie ou de coton, avec le contact pour suspendre le poids.
Cet appareil pouvant porter de 25 ou 50 kilogr., sans la monture,
25 ou.   45

724. **Électro-aimant** semblable, avec monture en chêne poli, de 45 ou   60

725. **Électro-aimant**, plus grand, portant de 75 à 200 kilogr., sans
monture, de 60 à.   145

726. **Les mêmes,** avec support en chêne, de 75 à.   180

727. **Tourniquet** électro-magnétique ou électro-aimant, prenant un
mouvement de rotation par l'attraction et la répulsion, monté sur
pied triangulaire en cuivre.   35

728. **Même tourniquet,** ayant en plus la double expérience des courants parallèles sur les aimants.   46

729. **Tourniquet** électro-magnétique plus simple, sur tablette en
acajou, de 20 à.   30

730. **Appareil** magnéto-électrique de *Clark* avec commutateur per-
fectionné.   280

731. **Même appareil,** plus complet, ayant tous les accessoires décrits
par l'auteur et une bobine de rechange à gros fil.   300

732. **Le même,** monture riche en palissandre.   350

APPAREILS ÉLECTRO-MÉDICAUX DE BRETON F^{RES}.

733.***Nouvel appareil** électro-médical de *Breton* frères, fonctionnant
sans pile ni liquides, à commotions graduées à volonté. . . .   140

    (Cet appareil, si connu pour les services qu'il rend dans la science mé-
dicale, remplace avec avantage celui de Clark. Plus de cent douzaines de
ces instruments ont été vendues par notre maison, tant en France qu'à l'é-
tranger, pour le service des hôpitaux auxquels l'usage en a été recom-
mandé, ainsi qu'aux praticiens, par un rapport de la Faculté de médecine
de Paris.)

734. **Appareil** *électro-médical* de *Breton* frères, semblable, boîte en
palissandre, et dont tous les accessoires sont en cuivre doré. .   180

735. **Appareil** électro-médical, très grand modèle, boîte en palissandre, devanture en glace laissant voir tout le mécanisme intérieur.   380

736 *bis.* **Autre appareil** électro-médical de *Breton* frères, fonctionnant avec une pile à courant constant. L'appareil complet dans
sa boîte.   80

INDUCTION.

737. **Appareil inducteur** de *Delarive* servant à accélérer la décomposition de l'eau.   30

738. **Autre inducteur** plus complet, à double bobine pour fil d'induction.   50

739. **Appareil d'induction** à roue dentée, en glace, d'après M. *Mas-
son*, selon la grandeur, de 90, 120 et.   150

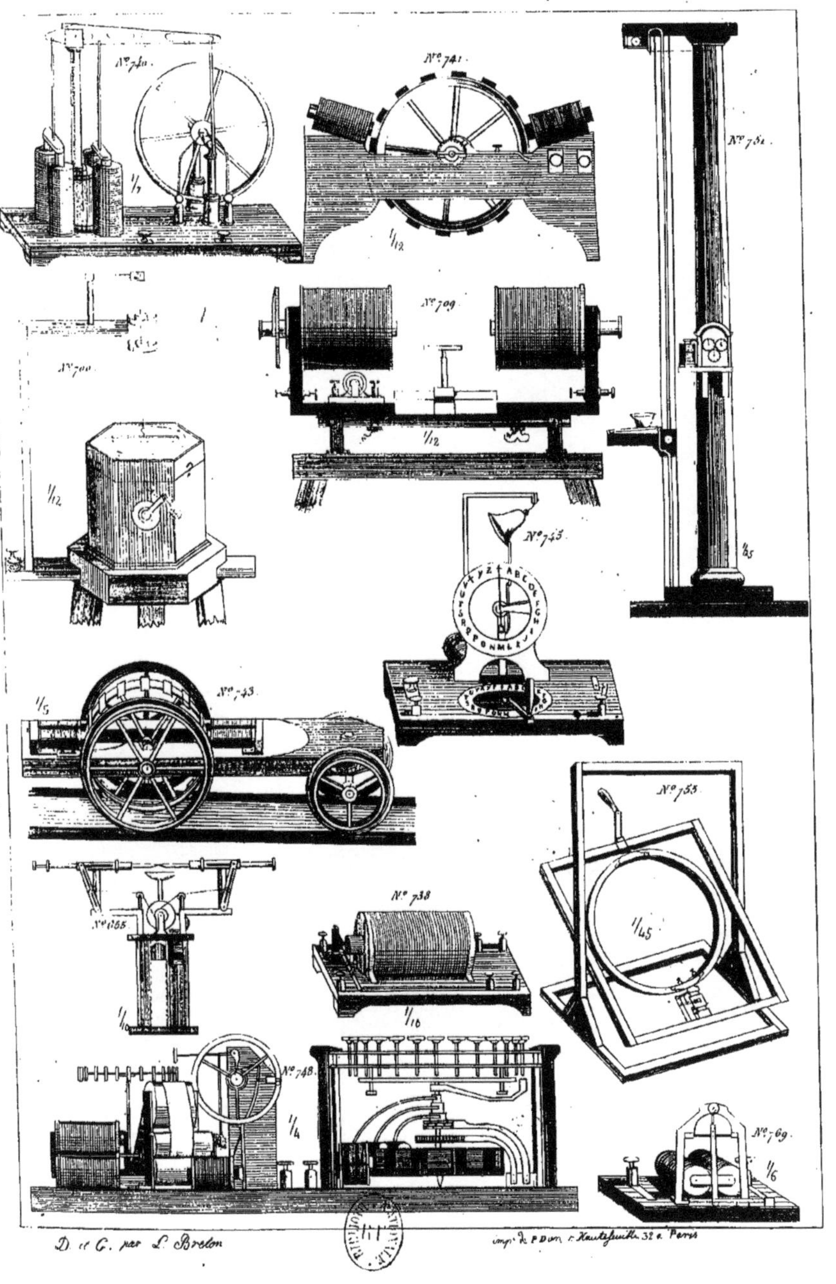

N° 740.
N° 741.
N° 751.
N° 709.
N° 700.
N° 743.
N° 743.
N° 753.
N° 755.
N° 738.
N° 748.
N° 769.

fr.

740.***Appareil** inducteur de *Breton* frères, servant de moteur électrique.   160

741.***Appareil** électro-moteur de *Breton* frères, faisant fonctionner des modèles de pompes, ou autres   300

742. **Appareil** électro-moteur   *idem*,   de la force d'un homme. . .   900

743.***Locomotive** électro-magnétique de *Breton* frères, se mettant en marche sur ses rails par deux éléments de *Bunsen*, la locomotive et le plateau circulaire portant les rails.   170

    (Nous avons livré un grand nombre de ces locomotives pour démontrer dans les cours l'application de l'électricité comme force motrice ; cette expérience offre un grand intérêt pour les élèves.)

744. **Locomotive**   *idem*   de *Breton* frères, plus grande, avec wagons.   380

745.***Télégraphe** électrique de *Wheatstone*, modifié par *Breton* frères, les deux stations.   120

    (Une très grande quantité de télégraphes électriques de ce modèle ont été livrés par nous dans les principaux établissements scientifiques pour la démonstration dans les cours ou dans les établissements manufacturiers.)

746. **Télégraphe** électrique semblable, avec cadrans plus grands en diamètre, les deux stations...   190

746 *bis*. **Mêmes télégraphes**, dont l'appareil et les cadrans indicateurs sont renfermés dans une boîte en acajou dont l'une des faces est vitrée, les deux stations   245

747. **Télégraphe** électrique, plus grand modèle, deux stations. . .   350

748.***Télégraphe** électrique imprimeur, de *Breton* frères, une seule station.   400

749. **Moteur électrique** de M. *du Moncel*, à mouvement horizontal et bobine oscillante   125

750.***Chronoscope électrique** de *Breton* frères, servant à mesurer avec une grande précision la chute des corps, monté sur une grande colonne en acajou, semblable à la machine d'*Attwood*. .   450

    (Cet instrument est beaucoup plus précis pour mesurer les lois de la gravitation que tous ceux employés jusqu'à ce jour.)

751. **Chronoscope électrique**   *idem*,   servant à mesurer la projection d'un projectile.   250

752. **Chronoscope**   *idem*,   *idem*,   donnant les millièmes de secondes   200

753. **Moteur électrique** de M. *Froment*..   150

754. **Anémographe** électro-magnétique de *Th. du Moncel*.   400

    (Cet instrument fournit dans le cabinet de l'observateur les indications relatives à la durée et à la vitesse de chaque vent, par heure ou par jour.)

755.***Cerceau électrique** de *Delezenne*, à trois fils pour les phénomènes d'induction, cerceau de 1 mètre à trois fils.   300

756. **Cerceau électrique**   *idem*,   de 60 centimètres à un seul fil.   200

757. **Hélices** sinistrorsùm et dextrorsùm pour aimanter des fils d'acier par l'action d'un courant, chaque.   3

fr.

758. **Bobine** entourée de fil de cuivre couvert en soie pour l'induction suivant la grosseur, de 20 à 30

759. **Bobine** garnie d'un gros et d'un petit fil pour les commotions par induction, de 30 à 40

760. **Fil de cuivre** recouvert de soie, de 3 millimètres de diamètre, le kilogramme donnant 18 mètres de long. 20

760 *bis*. **Le même** recouvert en coton. . . . ., ... 14

761. **Fil de cuivre** recouvert en soie, de 1 millimètre et demi de diamètre, le kilogramme de 55 mètres. 24

761 *bis*. **Le même** recouvert de coton. . . . , ... 15

762. **Fil de cuivre** recouvert en soie, de 1 millimètre de diamètre, le kilogramme. 28

763. **Le même** recouvert de coton. 16

764. **Fil de cuivre** recouvert de soie, de demi-millimètre de diamètre le kilogramme 32

765. **Le même** recouvert de coton. 18

766. **La roue** de *Barloow*, pour la démonstration des courants parallèles sous l'influence d'un double courant magnéto-galvanique, selon la grandeur, de 32, 45 et. 50

767. **Appareil** pour démontrer les mouvements giratoires du mercure et les anneaux de *Nobili*. 46

768. **Piano électrique** de *Breton* frères, 2 octaves. 300

769.***Appareil** électro-magnétique à vibration, indiquant la décroissance des piles. 60

770. **Élément** thermo-électrique de *Seebeck* à 1 ou 2 aiguilles, 10 à . 15

771. **Pile** thermo-électrique très sensible, 10 à. 60

ACOUSTIQUE.

772. **Soufflerie** composée d'une table munie d'un soufflet et d'un sommier d'orgue destiné à recevoir toute espèce de tuyaux. 180

773. **Soufflerie** semblable, avec assortiment de tuyaux, suivant le nombre, de 300 à 400

TUYAUX A BOUCHE OUVERTS ET FERMÉS.

774. **Une bouche de tuyau** à lèvres mobiles. 6

775. **Deux longs tuyaux** de verre, l'un ouvert, l'autre fermé, s'adaptant à un robinet en cuivre pour en régler le vent. 11

MODÈLES DE TUYAUX D'ORGUE DE DIFFÉRENTS
TIMBRES, ET DIVERS.

VIBRATIONS DES COLONNES D'AIR PAR INFLUENCE.

VIBRATIONS DANS LE VIDE.

PLAQUES VIBRANTES.

fr.

828. **Plaque** triangulaire, 35 centimètres de côté. 20
829. **Support** pour les plaques. 10
830. **Appareil** pour démontrer que la rotation du lycopode sur les plaques circulaires n'est due qu'à la translation des lignes nodales autour du cercle. 75

VIBRATIONS TRANSVERSALES DES LAMES ET DES VERGES.

831. **Quatre lames** en acier, dont deux de même longueur, même épaisseur, et largeur différente ; une troisième, même largeur et double épaisseur ; la quatrième même épaisseur que la première, mais dont la longueur est à celle des trois autres :: 1 : $\sqrt{2}$. 32
832. **Quatre lames** en sapin ou en laiton, 5 ou 16
833. **Deux verges plates** en laiton, l'une de 1 mètre, l'autre de 50 centimètres pour la loi des harmoniques dans les vibrations transversales. 14
834. **Six lames** même dimension, cinq en bois de différentes espèces et densité, et une en laiton pour montrer l'influence de la densité et comparer la sonorité. 14
835. **Instrument des sauvages**, dit **Claquebois**, selon la grandeur, de 9 ou. 16

DIAPASONS.

836. **Diapason** normal en acier fondu, sonnant ut_3 512 vibrations simples par seconde, à la température de +15 degrés 21
837. **Le même** monté sur une caisse sonore. 26
838. **Quatre diapasons** montés, donnant l'accord parfait. 65
839. **Diapason** en alliage de *tam-tam*, à l'unisson du précédent et monté de même 20
840. **Diapason** même alliage, et monté de même, et sonnant l'octave grave, c'est-à-dire ut_2. 78

> (Ce diapason pèse plus de 3 kilog. sans sa caisse; il fait entendre un beau son semblable à celui d'une cloche.)

841. **Diapason** semblable sonnant $ut-$, ayant huit pieds ouverts . . 120

> (Ce diapason pèse 22 kilog. sans sa caisse, et donne le son le plus beau et le plus plein qu'on ait entendu.)

842. **Diapason** sonnant *la*, 853 vibrations 1/3 suivant celui en *ut*. . 5
843. **Huit morceaux de bois** donnant la gamme lorsqu'on les jette successivement à terre. 5
844. **Quatre** *idem* donnant l'accord parfait. 3

VIBRATIONS TRANSVERSALES DES CORDES.

VIBRATIONS LONGITUDINALES DES VERGES

fr.

OPTIQUE.

RÉFLEXION.

fr.

901. **Télescope,** système grégorien, de 27 à 45 centimètres de foyer, de 40 à 150

902. **Télescope** *idem,* de 56 centimètres de foyer 30ᶠ

MIROIRS.

903. **Miroir** à surface cylindrique, dit à caricatures, de 16 centimètres, concave (ordinaire). 12

904. *Idem,* de 16 centimètres de diamètre sur 22 (fin). 80

905. **Miroir** plan d'un côté et grossissant de l'autre, monté sur pied en bois ou en cuivre, de 12 à. 40

906. **Miroirs** plan, concave et convexe, en glace, montés sur pied mobile, sur leur axe, de 20 centimètres de diamètre, de 100 à. . 120

907. **Miroirs** *idem,* de 22 centimètres, les trois. 130

908. **Miroirs** plan, concave et convexe, de 25 centimètres de foyer, même monture, les trois. 150

909. **Miroirs** *idem,* de 30 centimètres de diamètre, les trois. . . . 275

910. **Miroirs** plan, concave et convexe, de 41 centimètres de diamètre, les trois. 490

911. **Miroir** conique en métal de télescope, avec six tableaux. . . . 30

912. **Miroir** cylindrique *idem,* avec douze tableaux. 45

913. *** Appareil** à sept miroirs parallèles pour la réunion des sept couleurs prismatiques et la recomposition de la lumière. 90

914. **Glaces** à surfaces parallèles, de 11 et 16 centimètres carrés, 50 à 110

LENTILLES.

915. **Lentilles** convexes ou concaves, 8 centimètres de diamètre, montées sur pied en cuivre à mouvement, chaque. 18

916. **Lentilles** *idem idem,* 10 centimètres de diamètre, même monture, *idem.* 22

917. **Lentilles** *idem idem,* 12 centimètres de diamètre, même monture, chaque. 25

918. **Lentilles** *idem idem,* 16 centimètres de diamètre, même monture, chaque. 50

919. **Lentilles** biconvexes, montées sur pied en cuivre, à mouvements, de 30 à 40 centimètres de diamètre; chaque, 50 à. 275

920. *** Lentille** à échelons de *Fresnel,* montée sur pied, de 27 à 33 centimètres de diamètre, de 400 à 300

921. **Lentille** à échelons *idem,* de 70 centimètres 1500

fr.

MICROSCOPES.

fr.

946. **Microscope** simple de *Raspail*, à 2 ou 4 lentilles, 30 ou. . . .   35

947.* **Le même** à colonne carrée, crémaillère diaphragme mobile, miroir plan et un concave, pièces pour la dissection, fiches ; le tout dans une boîte d'acajou.   50

948. **Microscope** *Gaudin*, à deux lentilles. . . , ...   8

948 *bis.*   *Idem*   *Stanhope*, muni d'un écran pour l'œil.   8

949. **Microscope** à deux lentilles achromatiques.   24

949 *bis.*   *Idem*   avec loupe, pour les corps opaques.   30

950.   *Idem*   plus fort, à deux lentilles achromatiques et loupe, pour les corps opaques.   50

951. **Microscope** dit *Chapelle*, à un jeu d'oculaires, 3 lentilles achromatiques, boîte d'acajou.   70

[952.* **Microscope** à 2 jeux d'oculaires et 3 lentilles de différents grossissements, 1 micromètre.   90

953. **Microscope** ayant en plus une pièce pour le rendre à volonté microscope horizontal.   120

954.* **Microscope** composé, à tourbillon ; 2 jeux d'oculaires, et 2 jeux de lentilles ; porte-objets variables, boîte d'objets préparés, 1 micromètre pour mesurer les grossissements.   250

955. **Le même**, mais disposé pour être horizontal.   275

956. **Microscope** même construction, mais de plus grande dimension, avec platine à mouvement de rotation et double mouvement de va-et-vient ; 3 oculaires, dont 1 à micromètre ; prisme rendant l'instrument horizontal ; 3 jeux de lentilles, dont 1 très fort grossissement ; éclairage *Dujardin* ; chambre claire et micromètre sur verre ; belle boîte en acajou gaînée.   400

957.* **Microscope** système d'*Amici*, pouvant, à volonté, servir horizontalement et verticalement ; 3 jeux de lentilles achromatiques, dont 1 très fort ; 4 oculaires, dont 1 à micromètre ; chambre claire ; micromètre sur glace, divisé en 100° de millim. ; auge pour la circulation de la séve ; instrument de dissection et objets préparés ; le tout renfermé dans une belle boîte d'acajou. .   400

958. **Le même**, plus grand, ayant un plus grand nombre d'accessoires et aussi 1 porte-objet mobile à vis de rappel.   600

959.* **Microscope** d'après *Georges Oberhauser*, selon la grandeur, de 350 à 450 et.   600

960. **Microscope solaire**. Lentilles achromatiques et focus variable, pièces pour la circulation de la séve et du sang, six objets préparés, vis à boutons en cuivre pour fixer l'instrument sur le volet, boîte en acajou.   170

961. **Microscope solaire** plus grand modèle, 2 jeux de lentilles achromatiques ayant en plus 1 micromètre, *idem*.   220

962. **Microscope solaire** très grand modèle, dont le verre collecteur

fr.

980. **Collections** d'objets opaques pour microscope, composées de
10, 20, 30 objets, 3, 5, 8. 15

981. **Petit appareil** pour voir au microscope à gaz les dispositions
qu'affecte la limaille de fer projetée sur les pôles d'un aimant
en fer à cheval. 48

POLARISATION.

982. **Appareil** de *Noremberg*, simple. 60

983. ***Même appareil** avec obturateur, prisme de *Nicol*, ou tourmaline. 80

984. **Appareil** pour la polarisation, d'après M. *Biot*, tel qu'il est dé-
crit dans sa physique 200

985. **Grand appareil** de M. *Biot* pour la polarisation circulaire des
liquides monté sur table, avec 4 tubes en cuivre et 4 en cristal,
garni de ses diaphragmes en argent ; dernières constructions. 315

986. **Appareils** *idem*, beaucoup plus simples, de 60 à. 120

987. **Grand appareil** de MM. *Biot* et *Savart*, pour la polarisation,
recevant les images sur une glace dépolie ; 6 cercles divisés,
avec une collection de cristaux et de verres trempés. 320

988. **Appareil** de M. *Soleil* pour mesurer les axes optiques des cristaux. 160

989. **Polariscope** à gaz. 200

(Cet appareil permet de produire devant un nombreux auditoire les
phénomènes si remarquables de la polarisation, il s'adapte sur la lanterne
du microscope à gaz n° 974; il est très utile dans les cours publics, où, vu
l'instabilité du temps, on est forcé de renoncer aux expériences solaires.)

990. **Appareil** de M. *Arago* pour la polarisation de la lumière, avec
prisme bi-réfringent et piles de glace 190

991. **Autre appareil** de M. *Arago* pour représenter en grand les
couleurs complémentaires. 115

992. **Appareil** de M. *Savart*, pour les hyperboles. 60

CRISTAUX.

993. **Tourmaline** verte ou violette taillée perpendiculairement à l'axe ;
selon la grandeur, de 5, 10, 15 et. 20

994. **Quartz** taillé de même, *idem*, 3 et. 6

995. **Quartz** améthiste, *idem*, 5 et. 10

996. **Arragonite** taillé, *idem*, 4 et 6

997. **Spath** d'Islande taillé, *idem*, 4 et. 6

998. **Aigue-marine**, *idem*, 5 à 8

999. **Diopside**, *idem*, 5 à. 8

1000. **Mica** à 1 ou 2 axes, 2 à. 3

1001. **Bichromate** de potasse perpendiculaire. 3

CATALOGUE DE BRETON F.RES
OPTIQUE.

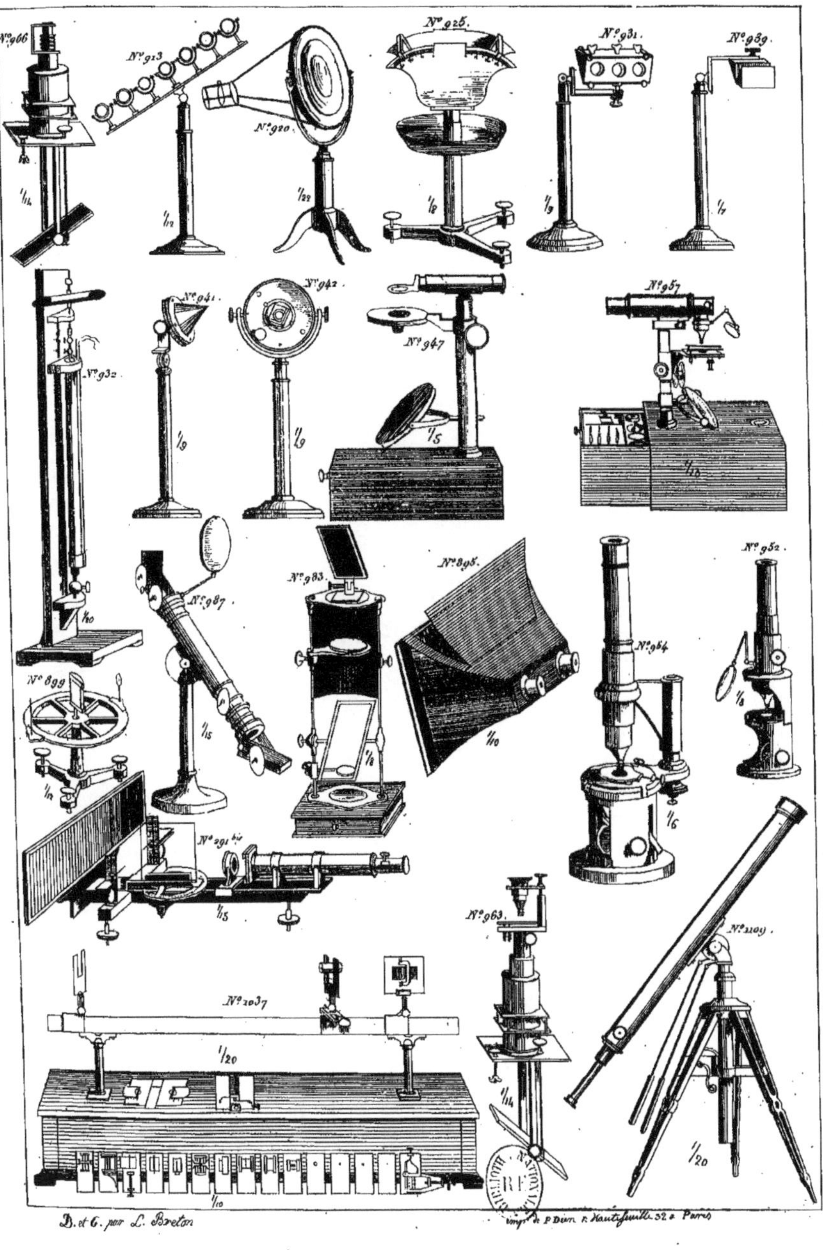

1033. **Presse** pour comprimer le verre.   12
1034. **Presse** pour le courber   14

DIFFRACTION.

1035. **Micromètre** de *Fresnel* pour mesurer l'étendue des franges, colonne et triangle en fonte.   115
1036. **Appareil** de *S'Gravesand* pour les interférences, muni de 2 vis micrométriques.   68
1037.* **Grand appareil** de diffraction entièrement en cuivre, table et boîte en acajou pour renfermer toutes les pièces.   550

    (Cet appareil et tous les accessoires sont entièrement conformes à celui décrit dans la physique de M. Pouillet, 4ᵉ édition.

1038. **Appareil** de diffraction plus petit et moins complet, monté sur règle en buis.   260
1039. **Appareil** composé de 2 glaces épaisses à surfaces parallèles légèrement inclinées entre elles pour produire les franges. . .   15
1040. **Appareil** de *Newton* pour les anneaux colorés.   22
1041. **Réseaux** à mailles carrées tracées sur verre, de 5 à.   10
1042. **Ériomètre** du docteur *Young* pour mesurer les épaisseurs des fibres déliées et le diamètre des très petits globules.   50
1043. **Sphéromètre** pour mesurer la courbe des verres.   120

DAGUERRÉOTYPE.

1044. **Daguerréotype** complet à objectif achromatique, système allemand, pour plaque entière.   350
1045. **Même daguerréotype,** ayant tous les accessoires, pour plaque entière, 1/2, 1/3, 1/4 et 1/6 de plaque, 375 à.   400
1046. **Les mêmes,** ayant en plus un objectif simple pour vues ou paysages, 375 ou.   440
1047. **Daguerréotype,** même grandeur et même composition, ayant en plus tous les accessoires pour la photographie sur papier, sans les produits chimiques.   480
1048. **Daguerréotype** complet à objectif achromatique, système allemand, pour 1/2 plaque.   200
1049. **Le même,** ayant tous les accessoires, pour 1/2 plaque, pour 1/3, 1/4 et 1/6 de plaque.   225
1050. **Les mêmes,** ayant en plus un objectif simple pour vues et paysages, 225 et.   265
1051. **Daguerréotype** 1/2 plaque, ayant en plus tous les accessoires pour la photographie sur papier   300
1052. **Daguerréotype** complet, objectif système allemand pour 1/4 de plaque   140

fr.

1053. **Le même** pour 1/4 et 1/6 de plaque, ayant en sus un objectif simple pour paysage. 160

1054. **Daguerréotype** complet, objectif achromatique pour 1/6 de plaque. 110

1055. **Grand daguerréotype**, objectif système allemand de 11 centi-mètres de diamètre, pour plaques de 32 centim. sur 24. . . . 800

1056. **Le même** disposé pour faire toutes les grandeurs au-dessous, plus un objectif simple pour paysago. 900

1057. **Daguerréotype** semblable, ayant en plus tous les accessoires pour la photographie sur papier, sans les produits chimiques. 1000

OBJECTIFS.

1058. **Objectif** double, système allemand, monture en cuivre, à crémail-lère ; verres achromatiques premier choix, de 10 centim. 1/2 de diamètre 560

1059. **Objectif** achromatique simple pour paysage, même diamètre. . 260

1060. *Idem* double, système allemand, 95 millim. de diamètre. . . 380

1061. *Idem* simple, pour paysages et vues, même diamètre 180

1062. *Idem* double, système allemand, de 81 millim., pour plaque entière. 200

1063. **Objectif** *idem*, de 61 millim., diamètre, pour 1/2 plaque. . . . 90

1064. *Idem* *idem*, de 34 millim., diamètre pour 1/4 de plaque. . . 50

1065. *Idem* *idem*, de 34 millim., diamètre pour 1/6e de plaque. . . 40

1066. *Idem* simple, pour vues et paysages, 81 millim. pour plaque entière 95

1067. **Objectif** simple de 61 millim., pour 1/2 plaque. 52

1068. *Idem* *idem* de 43 millim., pour 1/4 de plaque. 28

1069. **Glace** parallèle montée en cuivre, s'adaptant aux objectifs, pour redresser les images, pour plaques entières et 1/2 plaques. . 50

1070. **Glace** parallèle pour 1/4 et 1/6, 35 ou. 25

PLAQUES EN DOUBLÉ.

1071. **Plaques** entières de 16 sur 22 centimètres au 60e, 40e, 30e, 20e ; la douzaine, 38, 42, 48. 54

1072. **Plaques** 1/2, au 60e, 40e, 30e, 20e ; la douzaine, 19, 24, 28. 35

1073. *Idem* 1/4, ou 81 sur 108 millim., au 60e, 40e, 30e ou 20e ; la douzaine, 10, 12, 14. 16

1074. **Plaques** 1/6e, au 60e, 40e, 30e ou 20e ; la douzaine, 7, 8, 9. . 10

PHOTOGRAPHIE SUR PAPIER.

fr.

1075. **Appareil** complet de photographie, avec objectif simple de 10 centimètres 1/2, diamètre pour double plaque, de 32 centimètres sur 24, sans produits chimiques. 500

1076. **Appareil** *idem* pour plaque, objectif simple de 84 millim. de diamètre, avec ou sans produits chimiques, 250 ou. 225

1077. **Appareil** *idem* pour 1/2 plaque, objectif simple de 64 millim. de diamètre, avec ou sans produits chimiques, 175 ou. 160

1078. **Appareil** *idem* pour 1/4 de plaque, objectif simple de 43 millim. de diamètre, avec ou sans produits chimiques, 115 ou. 105

1079. **Les mêmes** appareils, ayant en plus un objectif double, système allemand, sans les produits chimiques, de 950, 380, 245. 145

CHAMBRES CLAIRES.

1080. **Chambres** claires de *Wollaston*, simples. 35

1081. *Idem* perfectionnées par l'addition de deux verres colorés et de plusieurs verres pour la parallaxe. 75

1082. **Chambres** claires d'*Amici*. 40

1083. *Idem* perfectionnées par l'addition de trois verres colorés et de verres pour la parallaxe. 60

1084. **La même,** ayant en plus une crémaillère. 72

1084 *bis.* Planchette à charnière et son pied pliant en forme de canne, pour l'usage des chambres claires, 18 ou 20

CHAMBRES NOIRES.

1085. **Chambres noires** à tirage en noyer, objectif simple, miroir et glace dépolie, de 22, 23 et 48 centimètres de foyer, 15, 22. . 32

1086. **Les mêmes** en acajou, objectif simple de premier choix, 22, 30 et. 45

1087. **Chambres** noires en noyer se ployant comme un livre, objectif de 50 millim. de foyer. 45

1088. **Les mêmes,** avec prisme. 50

1089. **Grande chambre** noire à prisme, avec rideau pieds brisés et tablette à charnier ; le tout se renfermant dans une boîte. . . 90

1090. **La même,** avec addition pour faire le portrait. 100

1091. **Chambre** noire à rideau, avec objectif achromatique, glace parallèle, vis de rappel à l'objectif pour mettre au foyer, pieds brisés en noyer garnis en cuivre ; le tout se renfermant dans une boîte. 240

1092. **Appareil** à vitre pour dessiner d'après nature, par *Lebreton*. . . 50

fr.

1093. **Diagraphe** de M. *Gavart*, de 50, 100 à.   200

1094. **Pantographe** pour la réduction, la reproduction d'un dessin, portraits ou paysage, de 20, 40.   140

LUNETTES.

1095. **Lunette marine** à un tirage de 70 centimètres, objectif de 43 millim. de diamètre.   50

1096. **Lunette** *idem* de 90 centimètres de tirage, objectif de 43 millim.. . . . . . :   60

1097. **Lunette** *idem* de 1 mètre de tirage, objectif de 50 millim. .   70

1098. **Lunette** *idem* de 1 mètre 40 centim., objectif de 80 millim.   140

1099. **Lunette** télégraphique, corps en bois à un tirage de 1 mètre, objectif de 50 millim..   75

1100. **Lunette** *idem* de 1 mètre 50 centim., objectif de 75 millim.   145

1101. **Lunette** *idem* de 1 mètre 50 centim., objectif de 95 millim.   290

LUNETTES TERRESTRES, SUR PIED.

1102. **Lunette** achromatique, corps et pied en cuivre, mouvement horizontal et vertical, tube d'oculaire à crémaillère ; un oculaire terrestre et un céleste, avec verre noir ; objectif de 60 à 75 cenmètres de foyer, 43 millim. de diamètre, renfermés dans une boîte en noyer ; suivant le foyer, de 100 à.   125

1103. **Lunette** semblable, avec objectif de 80 centimètres de foyer et de 64 millim. de diamètre, à 2 ou 3 oculaires, 200 ou, . . .   230

1104. **Lunette** de 1 mètre à 1 mètre 50 centim. de foyer, objectif de 75 millim., 4 oculaires ; selon la longueur du foyer, de 350 à.   400

1105. **Lunette** de 1 mètre 30 centim. à 1 mètre 60 centim., objectif de 84 millim., 4 oculaires ; selon la longueur du foyer, de 400 à.   485

1106. **Lunette** de 1 mètre 50 centim. à 1 mètre 70 centim., objectif de 95 millim, 4 ou 5 oculaires ; selon la longueur, de 500 à. . .   675

• 1107. **Lunette** céleste et terrestre, montée sur un pied en acajou à six branches, colonne en cuivre supportant la lunette, se levant et s'abaissant à volonté, pour observer debout ou assis ; objectif de 84 millim., de 1 mètre 30 à 1 mètre 60 centim. de longueur, 445 ou.   540

1108. **Lunette** semblable, objectif de 84 millim. de diamètre, de 1 mètre 50 à 1 mètre 70 centim. de foyer, 550 ou.   750

1109.***Lunette** montée sur pied semblable, mais avec deux manches d'acajou qui servent aux mouvements lents ; celle à objectif de de 84 millim. de diamètre, de 1 mètre 30 ou 1 mètre 60 cent. de foyer, 500 ou.   690

1110. **La même**, objectif de 95 millim., de 1 mètre 50 à 1 mètre 70 centim. de foyer, 690 à.   840

(Toutes ces lunettes sont principalement destinés pour les cabinets de physique, pour les observations astronomiques, depuis celles portées au n° 1103, elles sont excellentes pour observer les occultations des satellites de Jupiter, ses bandes, et dédoubler un grand nombres d'étoiles.)

LUNETTES ASTRONOMIQUES.

fr.

1111. **Lunettes** de 11 centimètres de diamètre et 1 mètre 50 à 1 mètre 80 centim. de foyer, chercheur à rappel, 5 oculaires célestes et 2 terrestres, montées sur pied en noyer à chaînes, de 1,000 à. 1150

(Les 7 oculaires sont renfermés dans une petite boîte d'acajou.)

1112. **Lunette** de même diamètre, mais seulement de 87 centimètres de foyer, montée tout en cuivre, à mouvements horizontaux et verticaux prompts et lents, chercheur, 7 oculaires ; le tout renfermé dans une boîte. 1500

1113. **Lunette** de 16 centimètres de diamètre et de 2 mètres à 2 mètres 80 centim. de foyer, mêmes accessoires que le n° 1111, montée sur pied à chaînes, de 2,000 à. 2800

1114. **La même**, avec pied et arc en fonte. 3250

1115. **Appareil** de M. *Arago* pour déterminer le grossissement des lunettes. 12

1116. **Photomètre** composé de 2 prismes, dont 1 en matière colorée, pour apprécier les différences d'intensité des corps célestes. . 20

OPTIQUE ET POLYORAMA.

1117. **Optiques** montés en noyer ou acajou, verre de 16 centimètres, 20 à. 30

1118. **Polyorama** animé, avec 12 tableaux dont tous les objets se meuvent, les moulins tournent, les rivières et les fontaines coulent, les animaux marchent, les vaisseaux naviguent, etc., etc.; enfin, tous les mouvements s'exécutent comme dans la nature. 2400

1119. **Polyorama**, selon la dimension, de 100 à. 260

1119 *bis*. **Tableaux** de polyorama, simples ou à mouvement, de 8, 12, 15 à. 20

1120. **Cosmorama** à 2 verres, 12 gravures fines. 80

1120 *bis*. **Grand cosmorama** à 3 verres de 16 centimètres de diamètre formant aussi Diorama ; meuble en noyer, tableaux de 1 mètre sur 1 mètre 20 centim.. 500

LANTERNES MAGIQUES ET FANTASMAGORIES.

1121. **Lanternes magiques**, lentilles 1/2, boules de 50, 55, 70, 80 centimètres de diamètre, avec 12 bandes, 10, 15, 20. 25

1122. **Grande lanterne magique** produisant l'effet d'une fantasmagorie, 1/2 boule de 11 centim., crémaillère et réflecteur doublés sur chariot à roulettes. 80

ACCESSOIRES.

TABLEAUX DE FANTASMAGORIE.

TABLEAUX A MOUVEMENTS.

TABLEAUX ASTRONOMIQUES.

fr.

1139. **Sphéricité de la terre**, démontrée par le mouvement d'un vaisseau. 21

1140. **Le jour et la nuit**, produit par la rotation de la terre autour de son axe. 21

1141. **Éclipse de soleil**, partielle et annulaire avec le passage de Vénus sur le soleil. 21

1142. **Mouvement** rétrograde de Vénus. 21

(Ces tableaux de fantasmagorie entièrement nouveaux sont parfaitement exécutés, le prix de la collection entière 190 fr.)

1143. **Grand appareil** en bois pour imiter la grêle, 25 à. 34

1144. **Appareil** pour imiter le bruissement du vent. 30

1145. *Idem* pour imiter le canon dans le lointain 34

1146. **Feuille** de cuivre mince pour imiter la pluie. 2

1147. *Idem* plus forte pour imiter le tonnerre. 7

1148. **Masque** transparent avec lanterne sourde qui l'éclaire à volonté. 24

1149. **Tête de mort** ailée, ayant la tête, les yeux, les mâchoires „et ailes mobiles, pour le mégascope. 38

1150. **Squelette** sortant de son tombeau. 28

1151. *Idem* creusant sa fosse. 15

MATHÉMATIQUES.

1152. **Petite cassette de mathématiques** en acajou ou palissandre, composée d'un compas de 11 centimètres, avec pointes changeantes; un autre de 8 centimètres, simple, un tire-ligne, une règle divisée et un rapporteur en corne, suivant le fini des compas, 8 à. 11

1153. **Cassette** *idem* garnie de deux compas, l'un de 16 centimètres, changeant, l'autre de 11 centimètres, simple, tire-ligne, règle et rapporteur, 14 à. 16

1154. **Même cassette** avec compas à balustre, 20 à. 22

1155. **Cassette** *idem*, trois compas, un de 16 centimètres, à pointes changeantes, un de 10 centimètres *idem*, un de 12 centimètres, simples, tire-ligne, règles et rapporteur, selon le fini des compas, 18, 22 et. 24

1156. **Les mêmes** avec compas à balustre, 24, 28 et 30

1157. **Cassette à double fond** garnie comme le numéro précédent, ayant en plus un compas de proportion, un équerre et un rapporteur en cuivre. 45

CASSETTES A COMPAS FINS.

fr.

1158. Cassette de mathématiques, trois compas très soignés, pointes d'aiguilles, l'un de 16 centimètres changeant, un de 8 centimètres, *idem*, un autre de 14 centimètres simple, les tire-lignes à charnières, rapporteurs de 16 centimètres, règle en ivoire, boîte en palissandre, garnie en velours de soie.   45

1159. Cassette *idem*, même composition, ayant en plus un compas à balustre ou à ressort   52

1160. Cassette *idem*, contenant trois compas fins, première qualité, à un seul emmanchement, simples plein en acier, un compas de réduction donnant six parties égales, un compas à ressort, deux tire-lignes, dont un à profiler, une règle en ivoire et un biseau, deux rapporteurs, l'un en corne et l'autre en cuivre divisé en demi-degré (les compas avec ou sans pointes d'aiguilles) . . .   75

1161. Cassette *idem*, même composition, ayant en plus un compas de proportion et l'équerre pliante.   90

1162. Cassette *idem*, contenant trois compas fins à aiguilles, à double emmanchement et à charnières (dont un à cheveu) ; un compas de réduction, un compas à ressort ou à balustre, à pointes changeantes, deux tire-lignes, dont un à charnières et à profiler, une règle en ivoire et deux rapporteurs en cuivre et corne, de 16 centimètres ; le double-fond contient un compas de proportion, une équerre pliante, une règle parallèle à rouleaux.   135

1163. La même garnie en mailchort   180

1164. *Idem* tout argent.   335

1165. Cassette de mathématiques très complète, compas fins, suivant le nombre, de 480 à.   680

COMPAS DIVERS.

1166. Compas à pointes sèches, de 8, 11 et 16 centimètres, de 2, 4 et 5.   6

1167. *Idem* à pointes changeantes, 4, 6, 8, à.   10

1168. Compas à balustre ou à ressort, 6, 8, à.   9

1169. Compas à pompes pour tracer et interrompre à volonté de très petits cercles, à tire-lignes.   10

1170. Compas à cheveu, ordinaire, ou à vis boutante, 5, 7, à. . . .   12

1171. *Idem* de réduction, simple ou à crémaillère, 10, 18, à.   24

1172. Compas à trois branches.   11

1173. Compas russe, dont les pointes se plient le long des branches, avec tire-ligne et porte-crayon, 15 à   20

1174. Compas elliptique de *Breton* frères   30

1175. Compas à verge, règle d'ébène, avec ou sans vis de rappel, 18, 24 ou   30

NIVELLEMENT.

fr.

1198. **Niveau** à bulle d'air, de 11 centimètres, avec étui, fiole en verre ou cristal, 5 à **7**

1199. **Niveau** *idem* de 14 centimètres, 6 à **8**

1200. **Niveau** *idem* de 16 centimètres, 7 à **10**

1201. *Idem* *idem* de 22 centimètres, 9 à. **12**

1202. *Idem* *idem* de 27 centimètres, 12 à. **15**

1203. *Idem* *idem* de 32 centimètres, 14 à **18**

1204. **Niveaux** en croix, de 16 centimètres, avec boîte en acajou . . **32**

1205. **Niveau** à bulle d'air, monture en fonte, de 16, 22, 27 et 32 centimètres, 9, 12, 14 et. **16**

1206. **Niveau d'eau** en fer-blanc. **6**

1207. *Idem* à coude en cuivre, fiole cristal **9**

1208. **Niveau d'eau** entièrement en cuivre, se démontant en trois parties, genou à double mouvement, avec boîte. **32**

1209. *Idem* avec fiole plus grande, garnie d'obscurateurs. **38**

1210. **Niveaux** pour études préparatoires, d'après *Burel* ou *Amici*, 35 ou **50**

NIVEAUX A PINNULES ET A LUNETTES.

1211. **Niveau** à pinnules, à genou, ou à base, avec trois vis à caler, pieds à six branches, 75 ou **110**

1212. **Niveau** à lunette achromatique, à genou. **85**

1213. *Idem* à plate-forme avec deux vis et deux ressorts pour le calage, pied à six branches. **175**

1214.***Niveau** à lunette, autre construction avec triangle et vis à caler. **195**

1215. **Le même**, plate-forme, divisée et vis de rappel. **240**

1216.***Niveau** de pente, de *Chézy*, avec pied **160**

1217. *Idem* sur triangle, avec trois vis à caler, avec pied. **195**

1218.***Niveau-cercle** à lunette, sur pied, à six branches. **140**

1219.***Niveau-cercle** à deux lunettes, celle inférieure ayant un mouvement indépendant qui rend l'instrument répétiteur, arc de cercle divisé pour les angles verticaux, pied à six branches. **290**

ARPENTAGE ET GÉODÉSIE.

	fr.
1220. **Mire** à coulisse, s'élevant à 3^m,50, dite de 4 mètres.	30
1221. **Mire** simple, ou double mètre, avec voyant.	18
1222. **Décamètre** en fer, avec fiches, 5 à.	6
1223. **Mesure** à ruban dans une boîte en cuir, de 5, 10, 15, 20 et 30 mètres, 4, 6, 8, 10, à	15
1224. **Alidades** à pinnules, règle de 46 à 55 centimètres, celle-ci très forte, 24 à	38
1225. **Alidade** à lunettes, verres simples ou achromatiques, redressant les objets, 48 à.	55

PLANCHETTES.

1226. **Planchette** ordinaire, de 50 centimètres carrés, fort genou en cuivre	24
1227. **Planchette**, même grandeur, à rouleaux.	40
1228. **La même**, plus grande, à base en cuivre, pour mouvement horizontal, et vis de pression.	56
1229. **Planchette** à la *Cugneaud*; à double mouvement de charnière. .	92
1230. **La même** avec mouvements lents et prompts	118

ÉQUERRES.

1231. **Équerre** d'arpenteur, à fentes ou à fenêtres, petit modèle, 6 ou	8
1232. **Équerre** *idem* à fentes ou à fenêtres, grand modèle, avec étui, de 10 à.	12
1233. **Équerre** à réflexion	24
1234. **Pantomètre**, ou **Équerre** d'arpenteur, divisé en degrés, la partie supérieure tournant sur son axe par une crémaillère, cet instrument donne les 5 minutes par deux verniers.	28
1235. **Le même** avec boussole.	45
1236. **Pantomètre** d'un plus fort modèle, avec lunette, niveau et boussole, genou à boule.	92

BOUSSOLES.

1237. **Petites boussoles** en cuivre, forme de montre avec suspension, suivant la dimension, de 3, 4, 5, 6, 7 et.	8
1238. **Les mêmes** en argent, 6, 8, 10, 12, 14 et.	16
1239. *Idem* en or, 14, 20, 28, 35, 48 et	60
1240. **Boussole** déclinatoire, aiguille, seize centimètres	16

fr.

1241. **Boussole** avec barreau de 12 centimètres, toute en cuivre. . . 38

1242. **Boussole** d'arpenteur, à alidades fond en cuivre. 44

1243. **Boussole** semblable, avec lunette. 58

1244. **La même** avec lunette et niveau 68

1245. **Boussole** dite *Tranche-Montagne*, avec lunette, arc de cercle et
niveau, genou avec vis à caler. 135

1246. **Boussole** *idem* avec triangle et vis à caler. 172

1247. **La même**, construction différente, tout en cuivre. 280

1248. **Boussole** prismatique du capitaine *Kater*, pour les reconnaissances militaires, en cuivre rouge. 54

1249. **La même** avec genou. 62

1250. **Boussole** *idem* avec couvercle, miroir pour mesurer les azi-
mutz, limbe en argent, verres colorés pour des voyages scientifiques. 145

1251. **Boussole** de *Burnier*, pour mesurer les angles et servant aussi
pour les reconnaissances militaires. 54

GRAPHOMÈTRES.

1252. **Graphomètres** demi-cercle à pinnules, de 16 centimètres de
diamètre avec boussole. 45

1253. **Graphomètre** de 22 centimètres, sans boussole. 55

1254. *Idem* *idem* avec boussole. 64

1555. **Le même** avec lunette. 85

1256. **Graphomètre** de 27 centimètres, sans boussole. 65

1257. *Idem* *idem* avec boussole. 72

1258. **Le même** avec lunette. 95

CERCLES.

1259. **Cercle géodésique**, de 16 centimètres, avec lunette et niveau,
quatre vis à caler. 145

1260. **Cercle** *idem* de 16 centimètres, à deux lunettes plongeantes,
répétiteur, vis de rappel à l'alidade, quatre vis à caler, et pied
à six branches 215

1261. **Cercle répétiteur**, de 16 centimètres de diamètre, donnant les
30 ″, divisé sur argent, deux lunettes plongeantes, l'inclinai-
son de celle supérieure indiquée par un vernier, qui se meut
devant un arc de cercle, vis de rappel à la base de l'instrument
et à l'alidade, niveau rodé, triangle à vis à caler. 435

1262. **Cercle** *idem*, de 22 centimètres, ayant en plus des loupes
mobiles et des verres dépolis pour modérer la lumière. 475

1263. **Cercle** *idem*, de 27 centimètres de diamètre, *idem, idem*. . 650

THÉODOLITES.

fr.

1264. **Théodolite** répétiteur, à deux lunettes ; la première se meut verticalement autour d'un axe ; le cercle horizontal, de 24 centimètres de diamètre, est muni d'une alidade concentrique portant quatre verniers : les divisions sur argent, et il donne les 10″. Le cercle vertical donne les 30″ par deux verniers, un niveau mobile, se plaçant à cheval sur l'axe de la lunette supérieure, permet d'établir l'horizontalité de cet axe ; la seconde lunette, placée sous le cercle, sert à s'assurer que l'instrument ne s'est pas dérangé pendant l'opération.   875

1265. **Théodolite** répétiteur, même modèle, cercle horizontal de 16 centimètres de diamètre, donnant les 20″ et le cercle vertical de 11 centimètres, donnant les minutes   645

1266. **Théodolite** *idem*, même diamètre construction plus simple.   500

1267. **Pieds** à six branches, en noyer, avec plateau triangulaire, de 18 à   25

1268. **Pied** ordinaire à trois branches, de 5 à   8

ASTRONOMIE.

1269. **Lunette** murale, de 55 millimètres d'ouverture et de 70 centimètres de foyer.   215

1270. **Lunette** méridienne de 81 millimètres d'ouverture et de 97 centimètres de distance focale   1900

1271. **Lunette** *idem*, même construction, dimension d'un tiers moins grande.   1250

CERCLES ASTRONOMIQUES.

1272. * **Cercle** de 27 centimètres, alidade concentrique, donnant les 10″ par quatre verniers, deux lunettes achromatiques avec un oculaire prismatique et verres colorés ; le cercle azimutal a 14 centimètres de diamètre ; les divisions sur limbe en argent.   1150

1273. **Cercle** *idem* de 38 centimètres alidade concentrique, donnant les 4″ par quatre verniers, lunette achromatique avec oculaire à prisme et verres colorés, cercle azimutal de 18 centimètres de diamètre, division sur limbe en argent, un grand niveau assure l'horizontalité de l'axe du cercle vertical.   2850

1274. **Équatorial** portatif, monté sur colonne de cuivre, cercle horaire de 22 centimètres, celui de déclinaison de 32 centimètres, division sur argent.   3350

fr.

1275. Chercheur de comètes pour tenir à la main, de 60 millimètres de diamètre et 50 centimètres de foyer 100

1276. Chercheurs de comètes de 84 centimètres d'ouverture, et de 84 millimètres de distance focales, montés parallactiquement, ayant deux cercles de 135 millimètres de diamètre. Lunette à grande ouverture et très court foyer, avec laquelle on obtient un grand champ et beaucoup de lumière pour la recherche des nébuleuses et des comètes. 950

NOUVEAUX APPAREILS DE DÉMONSTRATIONS.

1277.* Appareil de M. *Foucault*, pour démontrer le mouvement de rotation de la terre par le mouvement du pendule. 200

(Cet appareil sert à répéter la belle expérience de M. Foucault au Panthéon.)

1278.* Appareil donnant la mesure de la vitesse angulaire d'un horizon quelconque autour de la verticale du lieu, d'après M. *E.Sylvestre*. 300

1279. Même appareil plus simple. 180

1280.* Appareil pour démontrer la stabilité des oscillations du pendule dans un même plan, malgré le mouvement de rotation de la terre. 90

1281.* Appareil pour démontrer la stabilité des vibrations dans un même plan, malgré le mouvement de rotation. 75

(Ces nouveaux appareils servent à compléter les expériences de M. Foucault.)

MÉRIDIENS.

1282. Méridiens ou cadrans solaires de 16, 22, 27 et 33 centimètres, en marbre, 7, 12, 14 et. 17

1283. Méridiens en marbre, avec loupe et canon, 16, 22, 27 et 33 centimètres, 24, 28, 38 et. 45

1284. Cadran universel pour toutes les latitudes, tout en cuivre, avec boussole et double niveau, grand modèle. 110

1285. Cadran universel, même construction, plus petit, à double niveau 75

1286. Candrans universels plus petits sans niveau, de 40 à. 55

1287. Boussoles carrées, en bois d'acajou, formant cadran solaire universel. 28

1288. *Idem* de *Butterfield* avec cadran solaire. 19

GLOBES ET SPHÈRES.

1289. Petits globes terrestres, célestes, sphère de *Ptolémée*, sans horisons ni méridiens, de 19, 25, 33 centimètres, 10, 14 et. . . 18

1290. Globes terrestres, célestes et sphère de *Ptoldmée*, pieds en bois noir, horizons et méridiens en carton, 19, 25, 33 centimètres, 15, 24 et. 30

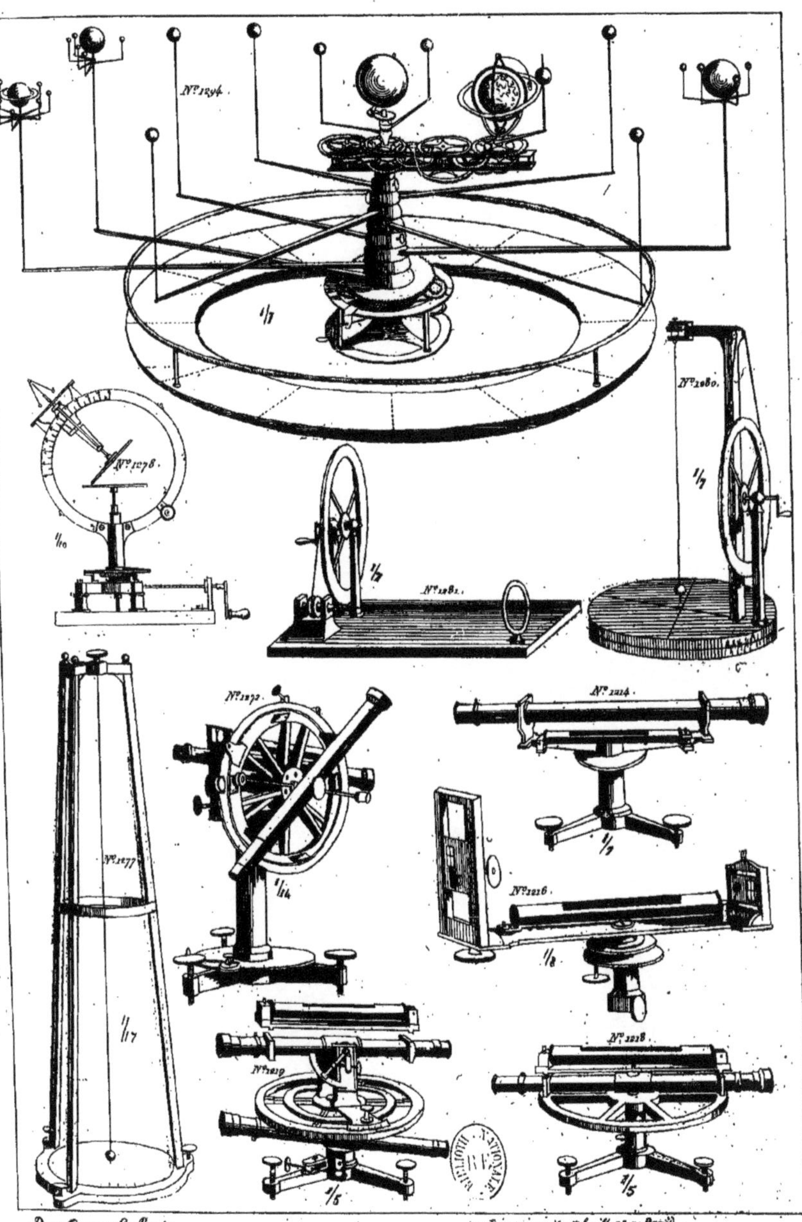
N.º 1294.
N.º 1980.
N.º 1078.
N.º 1281.
N.º 1272.
N.º 1214.
N.º 1277.
N.º 1216.
N.º 1219.
N.º 1218.
D. et G. par L. Breton
imp. de A. Bry r. Hautefeuille 32. à Paris.

MARINE.

fr.

1304. **Compas** de route, en cuivre, même diamètre, fonds en glace, muni de deux roses transparentes, sur tôle, aiguille sur le champ, monté sur agate, pivots de rechange pour contenir le tout. 80

OCTANTS, SEXTANTS, ET CERCLES A RÉFLEXION.

1305. **Octant** en bois d'ébène, de 25 centimètres de rayon, limbe en ivoire, trois verres de couleur, vis de rappel à l'alidade. . . . 82

1306. **Le même**, avec vis de rappel au petit miroir 87

1307. **Sextant** en ébène, de 25 centimètres de rayon, limbe en ivoire, cinq verres de couleur, deux lunettes et un viseur. 150

1308. **Sextant** en cuivre, de 16 centimètres de rayon, divisé sur argent, rappels à la lunette et au miroir, six verres de couleur. . 265

1309. **Le même**, de 19 centimètres, de rayon. . . : 340

1310. **Sextant** de poche, divisé sur argent, rappel à l'alidade. 100

1311. **Sextant** semblable, avec lunette. 120

1312. **Le même**, avec horizon artificiel et niveau. 140

1313. **Cercle** à réflexion, de 16 centimèt. de diamètre, divisé sur argent. 250

1314. **Cercle** *idem*, de 27 centimètres. 420

1315. **Horizon** artificiel en glace noire naturelle, dans sa boîte, avec niveau, de 8 ou 11 centimètres, 35 à. 45

1316. **Horizon** artificiel au mercure, boîte en bois, forme de tabatière, avec une glace à parallèles, de 11 centimètres de diamètre. . . 70

1317. **Horizon** formé de deux glaces parallèles, disposées en toit, pour éviter l'influence du vent, et d'un troisième pour appliquer sur la surface du mercure. 115

APPAREILS ET USTENSILES

POUR LES LABORATOIRES DE CHIMIE.

(Nous nous chargeons de fournir aux mêmes prix que les fabricants, tous les articles de chimie et de verrerie, dont nous ne citons ici que les plus essentiels et les plus importants.

Il en est de même des produits chimiques qu'on aura chez nous aux mêmes conditions que dans les maisons spéciales.)

1318. **Alambic** en cuivre, complet, de cinq litres do bain-marie. . . . 120

1319. *Idem* de six litres et au-dessus, à raison de 4 fr. 75 c. le kilogr.

1320. **Alambic** *idem*, à tête carrée, formant étuve. 150

1321. *Idem idem* avec étuve intermédiaire. 175

fr.

1322. **Alambic** de *Gay-Lussac*, pour les essais des vins en fer blanc ou en cuivre, 32 72

1323. **Appareils** pour l'acide fluorique, de 15, 30 à. 40

1324. **Appareil** pour le potassium, de *Brunner*. 35

1325. **Bains-marie** en cuivre, de 12, 25 à 20

1326. **Balances** communes avec poids, de 12, à. 50

1327. **Bassine** en cuivre, de 10 litres et au-dessus (le kilogramme) . 5

1328. **Boîte** à réactifs, en noyer, avec ou sans couvercle, garnie de vingt-quatre flacons de 18 centilitres, à étiquettes, ordinaires ou émaillée, de 75 à. 90

1329. **Boîte** *idem* en noyer, de 32 flacons de 18 centilitres, *idem*, 100 à 120

1330. **Boîte** *idem* de 40 flacons, 18 centilitres, *idem*, 125 à . . 145

1331. **Boîte** à réactifs, renfermant les substances et les ustensiles pour les essais par les voies humides, de 200 à 300

1332. **Boîte** de papier, à réactifs assortis, 2 et. 3

1333. **Boîte** de cristallographie, 24 cristaux 25

1334. **Bouteille** en plomb pour l'acide fluorique, 3 et. 4

1335. **Burettes** graduées, de 25 à 50 centimètres cubes. 6

1336. **Canon** de fusil. 6

1337. **Capsule** en argent (façon en sus), le kilogramme. 265

1338. **Capsule** de *Lebaillif*, pour essais au chalumeau, le cent. . . . 2

1339. **Capsule** en platine (façon en sus), le kilogramme. 1000

1340. **Chalumeau** de *Berzelius*, en cuivre, bout de platine. 12

1341. **Chalumeau** à toile métallique, de *Clark*. 25

1342. **Cloches** ou ballons à robinets, de 1, 2, 3, 4 et 6 litres, 8, 10, 12 et 16

1343. **Cloches** à bouton, divisées en partie du litre, de 1, 2, 4 et 6 litres, 10, 12 et. 16

1344. **Cônes** pour allumer les fourneaux, de 3 à. 5

1345. **Cornues** en fer à tubulures, de 1/2 litre à 6 litres, 18 à. . . . 50

1346. **Coupelles** en os, le bout, de 10 à. 20

1347. **Coupelles** de *Lebaillif*, le bout. 2

1348. **Couteaux** à scie pour la minéralogie. 8

1349. **Creusets** en argent (façon en sus), le kilogramme. 265

1350. **Creusets** en platine (façon en sus), le kilogramme. 1000

1351. **Cuve** à eau, en zinc, de 36 centimètres de long. 24

1352. **Cuve** à eau, en chêne, doublé en plomb, suivant la grandeur de 50, 80, 100 à. 125

1353. **Cuve** à mercure, en pierre, contenant 25 ou 100 kilogr. 25 à. . 50

1354. **Cuve** à mercure, en marbre, contenant de 30 à 150 kilogr., 50 à. 100

1355. **Diagomètre**. 40

1356. **Étuve** complète de *Darcet*. 70

1357. **Étuves** de *Gay Lussac*, pour les températures au-dessous de 200 et celles au-dessus de 300 degrés, de 35 à. 95

PORCELAINE.

fr.

4393. **Creusets** *idem*, de 19 à 27 centimètres, de 3 à 7
4394. **Cuvette** à mercure *idem*, contenant de 7 à 25 kilogrammes,
de 16 à 26
4395. **Mortiers** et pilons en biscuit, de 9, 12, 15, 18 centimètres,
de 3, 4, 6 et 8
4396. **Poêlons** avec couvercle, de 10, 12 et 14 centimètres, 3, 4, 5 et 7
4397. **Tôts à gaz**, de 1 fr. 50 cent. à 3
4398. **Tubes** en porcelaine, de 1 fr. 50, 2 fr. 50 c., 4 et 5

VERRERIE ET CRISTAL.

		fr.	c.
4399.	**Allonges**, ballons ou matras, cornues, alambics, cucurbites, chapiteaux, de 1 litre et au-dessus, les cent litres.	42	»
	Idem, de 750 grammes, le cent *idem*.	35	»
	Idem, de 62 à 500 grammes, le cent, de 10 à	30	»
	Cloche à bouton ou à douille, sans être usée, le kilogramme.	4	25
4400.	**Cornues**, matras et ballons, tubulés et bouchés à l'émeri, de 1 et 1 litre 1/2 la pièce, 1 fr. 50 cent. à	2	»
	Idem, de 2, 3, 4, 6, 8, 10, 12 litres, la pièce 2 fr. 50 c., 3, 4 fr., 4 fr. 75, 6 fr. 50 cent., 8 et	10	»
	Idem, de 31 à 750 grammes, la pièce 1 à	1	50
4401.	**Alambics** bouchés à l'émeri, de 8, 10, 12 à 15 litres, 10, 12, 14 et	16	»
	Idem, de 1 à 6 litres, 2, 3, 4, 5, 7 et	9	»
	Idem, de 250 à 750 grammes, 1 fr. 50 cent. à	2	»
4402.	**Verres** à expériences, de 31 grammes à 1 litre, de 30 cent. à	1	50
4403.	**Appareils** à déplacement simple, la pièce.	4	»
4404.	*Idem*, de *Guibours*.	23	»
4405.	*Idem* de *Marsh*, et tubes de rechange.	3	»

TUBES DE SURETÉ.

4406.	**Tube** en S, avec ou sans boule.	1	»
4407.	*Idem* en U, petit ou grand modèle, 85 centimes et. . . .	1	50
4408.	**Tubes** de *Liebig*, de 2 fr. 50 centimes à.	3	»
4409.	**Tubes** de *Welter*.	1	50
4410.	**Tubes** courbés pour les gaz, de 50 centimes à.	»	70
4411.	**Tube** pour dessécher les substances organiques.	2	75
4412.	**Tubes** bouchés, divers, de 25 centimes. à.	1	»
4413.	**Tubes** droits, assortis de grosseur, le kilogramme. . . .	2	50
4414.	**Tubes** soufflés, pour thermomètre, la pièce.	1	»
4415.	**Tubes** pleins, ou capillaires assortis, le kilogramme. . .	2	75

		fr.	c.
1416.	**Tubes** en verre vert, pour analyses organiques , le kilogr. . .	2	25
1417.	**Tubes** bouchés , pour baromètre droit ou à siphon , de 1 à.	2	»
1418.	**Éprouvette** à gaz, de 10, 20, 50 et 100 centimètres cubes , divisés en 100 et 200 parties , 5, 6, 8 et	10	»
1418 *bis.*	**Éprouvettes** à pied , de 1/2 litre à 1 litre , 6 à.	11	»
1419.	**Entonnoirs** bouchés , avec boutons percés , de 1 litre, 1 litre 1/2 et 2 litres, 4 fr. 50 cent., 5 fr. 25 cent. et.	6	»
1420.	*Idem,* de 250 à 500 grammes, 3 fr. 50 cent. et.	4	»
1421.	**Flacons** bouchés à l'émeri , de 2 centilit. à 1 litre, de 30 cent. à	1	»
1422.	**Flacons** *idem* , à large ouverture, de 2 centilitr. à 2 litres, de 60 centimes à.	3	»
1423.	**Flacons** à densité , de 2 fr. 50 cent. à.	3	50
1424.	**Flacons** de *Woulf,* de 12 centilitres à 1 litre , 1 fr. et. . .	1	50
1425.	**Mortiers** et pilons , en cristal , le kilogramme.	3	50
1426.	**Siphons** , différentes formes et grandeurs , de 1 fr. 50 c. à . .	3	»

GRÈS ET TERRE.

		fr.	c.
1427.	**Cornues** en grès , de 12, 25 à 50 centilitres, 25, 35 à. . . .		45
1428.	*Idem,* de 1, 2, 4 et 5 litres , 60 c. , 1 fr., 1 fr. 75 c. et. . .	2	»
1429.	**Creusets** de *Hesse,* la pile des 4, 5, 6 et 8, 75 c., 1 fr., 1 fr. 50 et	1	75
1430.	**Creusets** en terre de Paris, de 5, 8, 10 et 12 centimètres de hauteur, le cent, de 9, 11, 13 et.	16	»
	Idem , de 13, 15, 16, 18 centimètres de hauteur, le cent 22, 27, 38 et.	48	»
	Idem , de 20, 23, 25 et 28 centimètres de hauteur , la pièce, 75 centimes, 1 fr., 1 fr. 25 cent. et.	1	60
1431.	**Couvercles** pour creusets, de 10, 15 et.		20
1432.	**Cuve** à mercure, contenant 1 kilogramme 1/2	2	»
1433.	**Fourneaux** en terre cerclée , à bassine, de 15, 18, 21 et 24 centimètres de diamètre , 4, 5, 6 et.	7	50
	Idem , de 27, 30, 33 et 36 centimètres de diamètre, 10, 11, 12 et	13	50
1434.	**Fourneaux** à queue, cerclé, de 12 , 15 et 18 centimètres , 1 fr 50 cent. , 2 fr. et.	2	25
1435.	*Idem* , à coupelle , de 21 à 27 centimètres , de 25 à. . . .	60	»
1436.	**Fourneaux** à réverbère, cerclé , de 12, 15, 18 et 21 centimètres de diamètre , 8, 10, 11 et.	12	»
	Idem , de 24, 27, 30, 33 et 36 centimètres de diamètre , 13, 14, 16, 18 et.	21	»
1437.	**Fourneaux** à tube, de 24, 27, 30 et 33 centimètres de diamètre , 10, 11, 12 et.	13	50
	Idem, de 36, 39 et 42 centimètres , 15, 17 et.	19	»
1438.	**Tubes** en grès , de 75 centimes, 1 fr. 25 centimes à. . . .	2	»

COLLECTION DE 100 ROCHES.

fr.   c.

1439. Terrains primitifs. . . . . Nos 1 à 37
    Idem de transition. . . . .   38 à 51
    Idem secondaires inférieurs. . . . .   52 à 77
    Idem secondaires supérieurs. . . . .   78 à 82
    Idem tertiaires. . . . .   83 à 90
    Idem diluviens et post-diluviens. . . . . .   93 à 95
    Idem volcanique. . . . .   96 à 100
Prix de la collection suivant la grosseur des échantillons, 30, 60 et   100   »

GÉOMÉTRIE.

1440. Géométrie de *Legendre*, se composant de 95 figures.   160   »
1441.   *Idem.* avec les additions de M. *Blanchart*, se composant
    de 54 figures, en sus.   120   »
1442. Les cinq corps réguliers.   10   »

CRISTALLOGRAPHIE.

1443. Collection de 80 figures. Par *Beudant*.   100   »
1444.   *Idem* de *Haüy*.   60   »
1445. 24 formes primitives de minéraux.   25   »
1446. Collection composée de 17 figures de formes décroissantes, dé-
    terminées et classées par M. *Delafosse*.   150   »
1447. Formes primitives et secondaires de même hauteur, au nombre
    de 79 figures, faisant suite aux 17 figures décroissantes,
    d'environ 60 millimètres.   160   »
    Chaque figure est numérotée suivant les numéros correspondants
    du catalogue.
1448. Même collection plus petit format.   120   »
1449. Quatre modèles des formes que l'on donne au diamant. . . .   20   »

TABLE DES MATIÈRES.